Der Schlepper im Rückblick

M. Häfner

Der Schlepper im Rückblick

Oldtimer-Jahrbuch 2008

Landwirtschaftsverlag

An dieser Ausgabe haben mitgewirkt:

Agco GmbH, Helmut Bader, Daimler-Chrysler, Heinz Engelhardt, Bernadette Grob, Kurt Häfner, Marianne Häfner, Gabi Heller, Willi Kammerer, Michael Karle, Peter Klotz, Dr. Oliver Neumann, Bernd Peinelt, Stefan von der Ropp-Brenner, Matthias Schilling, Wolfram Zimmermann und Siegfried Fischer als Lektor

Themenauswahl und Layout: Kurt u. Marianne Häfner

Neben den Archiven und Sammlungen der genannten Personen standen uns weiter zur Verfügung:
John Deere-Pressehaus, Fendt-Pressefotos, Daimler-Chrysler-Pressefoto, McCormick Werbung und Presse, Archiv der Firma Kärcher, Archiv der Firma Platten, Kalender 2007 der Schlüter Freunde Donau/Ilm sowie die Archive von Hinrich Duggen, Michael Karle und Kurt Häfner

Landwirtschaftsverlag GmbH, 48084 Münster

Gedruckt auf chlorfrei gebleichtem Papier

Printed in Germany

ISBN 978-3-7843-3455-4

Inhalt

Ein Wort vorab

Liebe Leserinnen, liebe Leser,

sicherlich hat jeder von Ihnen schon mal ein Museum besucht und sich über einzelne Exponate besonders gefreut. Seien es Erinnerungen, die geweckt wurden, es gab geschichtlichen Unterricht, oder man konnte etwas über Berufe aus vergangenen Zeiten erfahren. Egal, was es auch war, wichtig ist, dass jeder Besucher das Museum am Ende mit einem guten und zufriedenen Gefühl verlässt.
Viele unserer Museen – mit den unterschiedlichsten Themen – werden ja vom Staat oder den Ländern unterhalten. Und das finde ich eine feine Sache, suche ich doch selbst jedes Jahr mehrere Museen auf.
Was mir aber dabei besonders auffällt, ist der hohe finanzielle Aufwand, der bei diesen Museen teilweise betrieben wird. Richten wir beispielsweise unseren Blick nach Berlin und gehen in das Jahr zurück, in dem die Ägypten-Ausstellung vorbereitet wurde. Auch wenn ich die Angelegenheit nur am Rande und nur aus der Presse verfolgen konnte, so war doch nicht zu übersehen, dass ein enormer Aufwand betrieben wurde, der sich letztlich in einer Kostenlawine widerspiegelte.
Ein anderes Beispiel, das wir ebenfalls aus den Medien erfahren, sind Ankäufe alter Gemälde, für die mitunter Millionenbeträge ausgegeben werden, um sie im Land zu halten.
Hier darf ich sicherlich den Gedanken äußern, ob bei solchen Aktionen nicht zu viele Kosten produziert werden? Ich meine, würden bei manch staatlich oder vom Land geführten Museum Privatpersonen oder ein Verein agieren, dann müsste und würde vieles weit kostengünstiger gehen.
Andererseits könnten Staat oder Länder mehr für Privatpersonen tun, wenn aus Eigeninitiative heraus ähnliche oder vergleichbare Leistungen vollbracht werden. Denn unabhängig von den Kosten ist das Ziel derartiger Aktion immer dasselbe: Die Exponate werden letztendlich, sauber restauriert oder aufbereitet, einem breiten Publikum gegen Zahlung eines Entgelts zugänglich gemacht! Und hier sehe ich große Parallelen zu uns Sammlern! Denn was machen wir Sammler alter Bulldogs, alter Schlepper oder Landmaschinen?

Bulldogtreffen mit Vorführungen im Norddeutschen: Erstaunlich, wie die Zuschauer angezogen werden

Stellen wir unsere für teures Geld erworbenen Schätzchen nicht ebenfalls einem breiten Publikum zur Schau? Doch beginnen wir ganz von vorne, bei der Frage nach der Arbeit eines Sammlers.
Was macht dieser?
Nun, zunächst sucht und kauft er sich meist für einen stattlichen Betrag beispielsweise einen alten Schlepper, teilweise einen erhaltenswerten Schrotthaufen, den er dann in mühevoller Kleinarbeit mit großem Kosten- und Zeitaufwand restauriert. Ist diese Arbeit erledigt, kommt in vielen Fällen eine TÜV-Untersuchung mit anschließender Zulassung, die wiederum mit beachtlichen Kosten verbunden ist. Ein überwiegender Großteil der Sammler kommt zudem aus dem Lager der Endverbraucher und hat für Materialbeschaffungen Endpreise, also höchste Preise zu bezahlen.
Nicht selten kommen dann noch Mietzahlungen ins Spiel, da viele Besitzer ihre Fahrzeuge in angemieteten Gebäuden unterstellen müssen.
Ist das Fahrzeug nach monatelanger Arbeit endlich fertig, präsentiert es der Besitzer stolz auf den verschiedensten Oldtimertreffen – einem breiten und interessierten Publikum – nur mit dem Unterschied, dass er kein Geld dafür bekommt, sondern noch weitere Kosten zu tragen hat.
Und spätestens hier könnten unser Staat oder das Land Unterstützung leisten, ist doch jedes Oldie-Treffen nichts anderes als ein *Open air* im Sinne eines Museums!
Aber was ist ein Museum?
Lassen Sie mich dazu kurz in die Geschichte eintauchen, um den Begriff *Museum* zu durchleuchten: Ursprünglich kommt der Begriff *Museum* aus dem Griechischen und stand für *musa, Muse* oder auch für den *Tempel der Muse.* Für uns Abendländer hingegen ergibt sich eine bis ins Mittelalter zurückreichende Verschiebung, verstehen wir doch unter *Museum* im weitesten Sinn eine *zur Besichtigung freigegebene Sammlung seltener oder interessanter Gegenstände.* Ist eine derartige Sammlung in einem speziell dafür hergerichteten Gebäude ausgestellt, so nennen wir auch das komplette Gebäude *Museum.*
Museum beginnt also beim *Sammeln und zur Besichtigung ausstellen.*
Also genau das, was jeder Sammler von uns tut, wenn er ein Oldtimer-Treffen mit Publikumsverkehr besucht und seine Maschine – sein Exponat – ausstellt oder auch vorführt.
Dass es bei derartigen Treffen aber ausschließlich um Oldtimer-Fahrzeuge geht – also Fahrzeuge und Maschinen mit einem Mindestalter von 30 Jahren – dafür sorgen allein die Veranstalter derartiger Treffen. Wäre es da nicht hilfreich, wenn uns die Öffentlichkeit einen kleinen Obolus zurückgeben würde? Dies als Anerkennung für unsere Leistung und den finanziellen Aufwand, den wir in den Erhalt technisch längst veralteter und ausgemusterter Maschinen stecken, die sonst längst auf dem Schrottplatz gelandet wären – die dann unsere Nachfahren nur noch auf Fotos oder in Büchern bewundern könnten.

Ihr Kurt Häfner

Zum Titelbild:

John Deere feierte 50. Geburtstag

Von Dr. Oliver Neumann

Ein unscheinbarer Aushang an den schwarzen Brettern der Mannheimer Heinrich Lanz AG verkündete am 12. September 1956 den Beginn einer beachtlichen Erfolgsgeschichte: die Übernahme der Aktienmehrheit der Heinrich Lanz AG durch die amerikanische Deere & Company aus Moline, Illinois – die Entscheidung des Konzerns, sich erstmals auf einem anderen Kontinent niederzulassen.

Zum Titelbild:
John Deere 2120
ab 1968 gebaut

Unter der Führung des Konzernchefs und Visionärs William A. Hewitt, John Deeres fünftem Verwaltungsratspräsidenten, erwarb John Deere 1956 51 % der Lanz-Aktien im Wert von rund 5,3 Millionen US-Dollar.
Es bedurfte einiger Anstrengungen und Zeit, die John-Deere-Fabriken in Mannheim, Zweibrücken und Getafe (Spanien), das Produktprogramm und die Händlerorganisation in einen zukunftsfähigen Zustand zu versetzen – unter damals immerhin 40 Mitbewerbern allein in Deutschland.

Die 1960er Jahre: Jahre der Konsolidierung und Erweiterung

Mit der Vorstellung der ersten europäischen John-Deere-Produkte, der neuen 300er und 500er Traktoren mit 28 und 36 PS und den später auf den Markt gebrachten Mähdreschern der 30er Baureihe aus Zweibrücken änderte sich der Markenname in John Deere-Lanz. Er sollte den Neuanfang zum Ausdruck bringen und dazu beitragen, dass das Unternehmen verloren gegangenes Terrain auf dem Markt zurückgewinnen konnte. Dazu gehörte unter anderem, das bisherige Lanz-Vertriebssystem von Grund auf zu erneuern, und zwar von einigen wenigen dominierenden Großhändlern in leistungsfähige und kundenorientierte Handelsbetriebe, die von eigenständigen Unternehmern geführt wurden.
Um die Wünsche einzelner Märkte und deren Kunden besser erfüllen zu können, stellte John Deere den bis dahin praktizierten Vertrieb ab Werk auf einen stärker kundenorientierten Vertrieb über Verkaufshäuser um. Im Zuge dieser Verän-

Ab September 1959 werden die Bulldogs in grüner Farbe mit gelben Felgen geliefert. Dazu beinhaltet die Serienausstattung mehrere Baugruppen, die bisher als Sonderzubehör geliefert wurden, und es gibt eine einjährige Garantieleistung.

derungen richtete John Deere Verkaufsniederlassungen in Spanien (1963), England und Irland (1966), Frankreich und Deutschland (1967) bzw. Schweden (1968) ein, die jeweils ihr eigenes Vertriebspartnernetz erweiterten und pflegten.

Um die Belange kleinerer Märkte der damaligen EWG, in Afrika und im Mittleren Osten abdecken zu können, wurde 1967 der „John Deere Export“ in Mannheim gegründet, der seither vorwiegend mit Generalimporteuren in den jeweiligen Ländern zusammen arbeitet.

Mit der Vorstellung neuer Produkte in Mannheim endete 1967 die Ära der „John Deere-Lanz“-Produkte; die Marke John Deere sollte allein für wachsende Kundenorientierung durch noch bessere Produkte stehen, die jetzt in umfassend modernisierten Fabriken gefertigt wurden. Gegen Ende des Jahrzehnts umfasste das John-Deere-Produktangebot sechs Traktorenmodelle der 20er Baureihe mit Leistungen von 32 bis 81 PS, fünf Mähdreschermodelle der 30er Baureihe sowie Hochdruckpressen und gezogene Feldhäcksler.

Die 1970er Jahre: ein Technologie-Jahrzehnt

Neue und weiter entwickelte Motoren für Traktoren und Mähdrescher, lastschaltbare Getriebe, unabhängige Zapfwellen, neue Frontantriebskonzepte und die Einführung der ersten integrierten Traktor-Fahrerkabine mit nur 86 dB(A) Geräuschpegel kennzeichneten den technischen Fortschritt der 70er Jahre.

Die Mannheimer Traktoren der 30er Baureihe – sie umfassten Traktoren von 39 bis 92 PS – wurden um drei noch leistungsstärkere Maschinen mit 110 bis 145 PS aus Waterloo ergänzt. Und die neuen 900er Mähdrescher aus Zweibrücken boten deutlich mehr Leistung als ihre Vorgängermodelle.

Gleichzeitig konzentrierte die Motorenfabrik in Saran (Frankreich) – unter anderem als Folge der Ölkrise des Jahres 1974 – ihre Entwicklungsanstrengungen auf die Verringerung des Kraftstoffverbrauches.

Während John Deere in den 1970er Jahren von den boomenden Märkten in Westeuropa erheblich profitierte, investierte das Unternehmen in die nachhaltige Verbesserung seines Vertriebspartnernetzes. Gleichzeitig verbesserte das Unternehmen die

Die 0-Serie: erstmals kommen völlig neu konstruierte Traktoren mit modernen Reihen-Dieselmotoren und 10-Gang-Getriebe aus Mannheimer Produktion. Sie sind zudem Europas erste Traktoren, die serienmäßig über einen hydraulischen Kraftheber verfügen.

Die Vorstellung moderner Mähdrescher der 30er Baureihe kennzeichnen einen Meilenstein in der JD-Werksgeschichte Zweibrückens.

Mit der 20er Baureihe verfügte John Deere Ende der 1960er Jahre über eine Produktpalette von sechs moderne Traktoren mit Leistungen von 32 bis 81 PS.

U.S.-Traktor

Ersatzteilversorgung, die Ausbildung von Verkäufern und Kundendienstfachleuten und ergänzte diese Bemühungen durch vorbildliche Produktliteratur.

Die 1980er Jahre: anhaltende Investitionen trotz Nachfrageschwäche und Konsolidierung der Branche

Nachdem der westeuropäische Traktorenmarkt 1979 mit 300.000 Einheiten seinen Höchststand erreicht hatte, begann die Nachfrage nach Traktoren und Erntemaschinen rapide zu sinken, vor allem infolge von Überproduktion landwirtschaftlicher Rohstoffe und des damit einhergehenden Verfalls der Erzeugerpreise. Diese Entwicklung gefährdete vor allem kleinere und mittlere Betriebe. John Deere traf sie in weit geringerem Maße, weil das Unternehmen vor allem größere Betriebe zu seinen Kunden zählte. Unter anderem deshalb konnte John Deere in den 1980er Jahren seine Marktanteile kontinuierlich ausbauen, während andere traditionsreiche europäische Hersteller strategische Partnerschaften eingehen, sich mit anderen Unternehmen zusammenschließen oder Fabriken stilllegen mussten.
Nach umfangreichen Investitionen in Forschung und Entwicklung Ende der 1970er Jahre war John Deere nun gut darauf vorbereitet, die Anforderungen seiner Kunden in Europa und auf dem weltweiten Markt zu erfüllen, z.B. mit neuen Traktoren der 40er Serie, Mähdreschern der Baureihe 905, neuen Ballenpressen und den ersten selbstfahrenden Feldhäckslern aus Ottumwa. Trotz des sich verändernden Investitionsklimas hielt John Deere an seinen Expansionsplänen fest. Nachdem man sich entschieden hatte, die SG2-Kabine in Europa zu bauen, ging 1981 in Bruchsal die Kabinenfabrik in Betrieb.

Reichte die Leistung der Mannheimer Traktoren nicht mehr aus, so kann auf US-Traktoren zurückgegriffen werden.

Mit den ausgehenden 1970er Jahren werden Mähdrescher der 905er Baureihe und Traktoren der 40er Baureihe mit Kabinen aus Bruchsal geliefert.

In der zweiten Hälfte des Jahrzehnts wurde kräftig in neue Produkte investiert, wie etwa in die Traktoren der 50er Baureihe, die 1100er Mähdrescher sowie in die Überarbeitung kompletter Produktreihen.

Der Finanzkraft des Konzerns war es in erster Linie zu verdanken, dass John Deere die Rezession in der Landwirtschaft weitgehend unbeschadet überstehen und gleichzeitig investieren und expandieren konnte.

Die 1990er Jahre: Neue Produktkonzepte eröffnen neue Perspektiven

Nachdem John Deere die ersten europäischen selbstfahrenden Feldhäcksler aus Zweibrücken vorgestellt hatte, fand in Mannheim 1992 die bislang umfassendste Präsentation neuer Produktkonzepte statt: die Vorstellung der neuen 6000er und 7000er Traktoren in der einzigartigen Rahmen- und Modulbauweise, die mehr Zuladung bei gleichzeitig geringerem Traktorgewicht zuließ, eine Vielzahl von Wahlausrüstungen ermöglichte und neue Maßstäbe in puncto Fahrkomfort und Kraftstoffersparnis setzte.

Das neue Jahrtausend: Führungsanspruch auf wichtigen Märkten

Im Jahr 2000 hatte John Deere angekündigt, seine landwirtschaftlichen Produktlinien bis zum Jahr 2005 so umfassend zu erneuern, dass 95 % des europäischen Produktangebotes nicht älter als drei Jahre alt sein würden. Anlässlich seiner Produktpräsentation 2001 in Sevilla (Spanien) stellte John Deere insgesamt 63 neue Maschinen vor, vom kleinen 5010er Traktor über neue anspruchsvolle 6020er und 7020er bis hin zu den neuen 8020er Modellen. Allein vier verschiedene Mähdruschkonzepte für kleinere und mittlere Betriebe sowie für Großbetriebe und Lohnunternehmen wurden in Sevilla gezeigt (CWS, WTS, CTS und STS), dazu neue selbstfahrende Feldhäcksler und Teleskoplader aus Zweibrücken, neue Festkammer- und Rundballenpressen bzw. Mähaufbereiter aus Arc-les-Gray sowie neue Feldspritzen aus Horst (Niederlande).

Diese umfassenden Investitionen sollten sich rasch auszahlen – einerseits durch eine Vielzahl von Auszeichnungen und Anerkennungen seitens der Fachwelt, andererseits durch die Marktführerschaft bei landwirtschaftlichen Traktoren in wichtigen Schlüsselmärkten. In Spanien war John Deere bereits seit 1972 Marktführer gewesen, seit

1997 auf dem englischen Markt, in Deutschland seit 2000 und in Frankreich ab 2002. Gleichzeitig hat das Unternehmen seine Position auf den Erntemaschinenmärkten gegenüber früheren Wettbewerbern deutlich verbessern können.

Bilder links außen: Das Ergebnis kräftiger Investitionen waren die Traktoren der 50er Baureihe und die ersten selbstfahrenden Feldhäcksler aus Zweibrücken.

Bild links: Seit 1992 setzt John Deere auf eine einzigartige Rahmen- und Modulbauweise im Traktorenbau.

Bild links unten: Im Mähdrescherbau gibt es vier unterschiedliche Konzepte für kleine, mittlere und große Betriebe sowie für Lohnunternehmen.

Aus Mannheim: John Deere-Traktoren vorbei an Köln in die ganze Welt, Ende der 1980er Jahre (unten).

JOHN DEERE

„Die besten Jahre liegen noch vor uns."

John Deeres 50-jähriges Engagement in Europa ist eine Geschichte des Dazulernens, kontinuierlicher Verbesserungen, zielgerichteter Expansion und planvollen Wachstums. Dabei stützt sich das Unternehmen auf seine seit 169 Jahren geltenden Grundwerte: Qualität, Innovation, Integrität und Engagement.

Bei der Betrachtung der in den letzten 10 Jahren erzielten Fortschritte wird deutlich, dass wir über eine solide und wettbewerbsfähige Position in Europa verfügen. Auf dieser Grundlage können wir weiteres Wachstum erzielen, weil die Nachfrage nach qualitativ hochwertiger Technik in den neuen Mitgliedsländern der EU, in Südosteuropa und den GUS-Staaten weiter anwachsen wird. Wir sind in allen Produktsparten bestens auf dieses Wachstum vorbereitet, auch auf dem Finanzierungssektor. Deshalb sind wir zuversichtlich, dass nach diesen ersten 50 Jahren die besten Zeiten noch vor uns liegen, so Senior Vice President für Marketing und Product Support, Markwart von Pentz.

Trotz umfangreicher Wachstumsinitiativen in Südamerika und Asien setzt John Deere auch weiterhin auf Europa. Erst kürzlich hat die Konzernspitze beschlossen, in Mannheim weitere 18 Millionen Euro in Vorhaben zu investieren, die nicht unmittelbar dem produktiven Bereich zuzuordnen sind, unter anderem in einen neuen Ausstellungspavillon, der im Sommer 2007 fertig gestellt sein und einen Querschnitt des gesamten John-Deere-Produktangebotes zeigen soll. ■

Vom Schrottplatz in ein neues Leben:

Deutz-Intrac

Von Matthias Schilling

Es war an einem verschneiten Märztag im Jahr 2005, als mein Arbeitskollege und ich – wir arbeiten zusammen bei einer Kranbaufirma in Bad Blankenburg – auf dem Weg zu einem unserer Kunden waren. Im Industriegebiet von Gotha sah ich bei einer Autoverwertungsfirma etwas Grünes zwischen allen möglichen Schrottautos der verschiedensten Fabrikate herausschauen. Bei näherem Herankommen konnte ich am Dach der Fahrerkabine den Namen „Deutz" lesen. Nach der Bauform zu urteilen, konnte es sich also nur um einen der relativ seltenen „Intrac"-Schlepper von Deutz handeln.

Meine Neugier war geweckt, und so beschloss ich, meinen Kollegen dahingehend zu beeinflussen, dass wir den Traktor nach getaner Arbeit unbedingt besichtigen müssten.
Durch die Jahrbücher von „Der Schlepper im Rückblick“ hatte ich ja schon einiges über diese Fahrzeuge gelesen.
An diesem Tag konnte es nicht schnell genug Feierabend werden, um wieder in unserem Transporter zu sitzen und die paar Meter zur Autoverwertungsfirma zurücklegen zu können.
Dort stand ER! Es war tatsächlich ein INTRAC von Deutz, der Typ 2002 A, und er stammte aus dem Baujahr 1973. Er war total eingeschneit, verheimlichte dennoch nicht die enormen Rostschäden und einige Scheiben an der Kabine fehlten. Die hinteren Schutzbleche waren verbeult und an den Holmen

Enorme Rostschäden: Holme durchgerostet

durchgerostet. Dreipunktaufnahme vorn: Fehlanzeige, es war nur noch die obere Welle vorhanden. Hinten sah es noch etwas besser aus, nur die Achsverspannung war aus allen möglichen Kettenteilen zusammengefügt.
Das war auf den ersten Blick alles, was ich sehen konnte.
Auf mein Interesse hin kam ein Schlosser und fragte ob er uns helfen könne. Ich wollte den Traktor einmal hören und war mir eigentlich ziemlich sicher, dass er dem Aussehen nach sowieso nicht anspringen würde. Der Anblick der Batterie unterstützte meine Meinung zusätzlich. Doch zu meinem Erstaunen kam der Schlosser mit einem Handwagen im Schlepp, darauf eine große Batterie, und unter deren Zuhilfenahme sprang der Motor nach wenigen Anlasserumdrehungen an – und lief ganz ruhig und normal weiter.
Ich staunte nicht schlecht, das hatte ich so nun wirklich nicht erwartet. Bei näherem Ansehen stellte ich fest, dass es ein Dreizylinder-Dieselmotor war, der von der Größe her für unseren Gebrauch noch im Rahmen des Möglichen lag. Langsam begann ich, mich für das Fahrzeug zu begeistern. Jetzt musste nur noch der Preis geklärt

Ich begann mich zu begeistern ...

werden. Leider hatte der Besitzer der Verwertungsfirma eine wesentlich andere Vorstellung als ich. Nach seiner Vorstellung sollte sich der Preis bei stolzen 3.800 Euro bewegen. Das Gebot meinerseits hingegen lag bei 3.000 Euro. Der Chef der Firma gab mir unmissverständlich zu verstehen, dass er damit keinesfalls zufrieden wäre. Im Hinausgehen teilte ich ihm noch mit, dass er den Traktor ruhig verkaufen möge, falls ein Kunde kommen und diesen Preis bezahlen würde, doch in Gedanken hoffte ich natürlich, dass keiner kommen würde.
Mittlerweile waren zwei Wochen vergangen, bis wir wieder in der Nähe der Verwertungsfirma zu tun hatten. Pünktlich zum Feierabend waren wir wieder zur Stelle und der Traktor stand noch immer da. Dieses Mal ging ich direkt zum Inhaber und fragte nach dem Stand der Dinge, nicht ohne ihm die ganzen Mängel mitzuteilen, die ich bei meiner oberflächlichen Betrachtung entdeckt hatte: Da fehlte die komplette Fronthydraulik und an der Kabine gab es keine Schiebetür,

... doch der Preis war viel zu hoch

dafür kaputte Fenster, dann die durchgerosteten Schutzbleche über den hinteren Antriebsrädern, auch fehlte die Verbindungswelle zur vorderen Zapfwelle. Und dann die Elektrik: Sie war total verschlissen und marode. Es war aussichtslos, für das Fahrzeug in diesem Zustand eine TÜV-Abnahme zu bekommen – sie war 2002 letztmalig erteilt worden. All diese Umstände konnten ihn schließlich dazu bewegen, mir 500 Euro nachzulassen und zusätzlich den Transport zu mir nach Hause noch mit zu übernehmen.

Es begann die Zeit der langen Abende

So kam es schließlich in der Osterwoche 2005 zur Anlieferung. Ab da ging die Zeit der langen Abende und durchgearbeiteten Wochenenden los.

Wenn der Vater mit dem Sohne..., das Ergebnis kann sich sehen lassen.

Als der Traktor in der betonierten Garage stand, stellte ich fest, dass Öl und Diesel ausliefen, was vorher auf dem geschotterten Platz gar nicht so aufgefallen war. Also fing

Jetzt noch das: Öl und Diesel liefen aus

ich damit an, sämtliche Öle zu wechseln und am Motor Öl-, Diesel- und Luftfilter auszutauschen. Die durchgescheuerte Dieselleitung war auch relativ schnell gefun-

Frisch restauriert, zeigt sich der Intrac von hinten ...

den und durch eine neue ersetzt. Das Öl im vorderen Zapfwellengetriebe war bestimmt noch die Erstbefüllung, so wie es aussah und aus der Ablassbohrung herauslief. Etwas mehr Kopfzerbrechen bereiteten mir die schlechte Bremswirkung der Fußbremse auf die Hinterräder und auch die der Handbremse, die nicht nur schlecht, sondern gleich null war. Die Handbremse ist getriebegebunden, das heißt, die Bremstrommel sitzt am Getriebe. Sie war total verölt und die Beläge fehlten teilweise. Also wurden neue Beläge aufgenietet und der Simmerring gewechselt. Bei der Fußbremse verhielt es sich etwas komplizier-

Bremsen total verölt

ter. Als ich die Achstrichter öffnete, waren diese ebenfalls verölt und mussten überarbeitet werden. Daher war es erforderlich, zunächst die Halbachsen zu ziehen, um an die großen Simmerringe zu kommen.

Ich muss an dieser Stelle erwähnen, dass die Deutz-Vertretung, die Firma Gerlicher in Fürth am Berg, mir jeder Zeit hilfreich zur Seite gestanden hat. Diese Ringe für die Abdichtung der Achse sind Spezialringe und ziemlich teuer.

Beim Abziehen der von vorn gesehen linken Seite vergaß ich, die Sperre zu verkeilen, was mir später beim Einfädeln schmerzlich bewusst wurde. Die nutenverzahnte Hülse war nach unten gefallen und musste erst wieder in die Richtung gebracht und dann verkeilt werden. Da diese Teile schwer waren, standen mir mein Vater und mein Sohn zur Seite.

Eine Besonderheit war die Reparatur der vorderen Zapfwelle: Für die Verbindung zwischen Motor und Getriebe sorgt eine Nutwelle. Sie steckte noch einseitig im Getriebe und hing auf der gegenüberliegenden Seite nach unten, sodass man sie von außen sehen konnte. Erst dachte ich, dass sie verbogen sei,

Nutwelle nicht verbogen, es fehlte nur der Flansch

was aber Gott sei Dank nicht der Fall war. Es fehlte lediglich ein dreiarmiger Flansch, an dem die Hardischeibe und die Nutwelle angeschraubt sind. Zunächst hatte ich ja vermutet, dass auch die Gegenaufnahme für das Ganze noch fehlen würde, die Teile, die an der Kurbelwellenriemenscheibe angeschraubt sind. Also rief ich wieder die Vertretung an und schilderte mein Problem. Doch kein Problem für die Firma Gerlicher. Was nicht im Lager war, konnte beschafft werden.

Ersatzteile waren alle zu beschaffen, aber viel zu teuer

Aber der Preis für die Teile übertraf meine kühnsten Erwartungen. Stand die Hardischeibe noch mit 50 € zu Buche, so kostete der Flansch dazu bereits 70 €, doch der Riemenscheibenflansch war mit 150 € das teuerste Teil.

An diesem Abend fand ich keine Ruhe und habe lange nachgedacht. Dann war ich felsenfest entschlossen, wenigstens dieses eine Teil für die Riemenscheibe selber herzustellen. Eine Drehmaschine besitze ich ja selbst. Also ging ich nochmals in die Garage, um die genauen Maße von der vorhandenen Scheibe abzunehmen. Zu diesem Zweck musste ich schon richtig unter den Traktor kriechen. Da sah ich zu meiner großen Freude, dass eben dieses Teil noch vorhanden war – also konnte es schon mal nicht mehr so teuer werden.

Am anderen Tag rief mich der Verkäufer an und machte mir den Vor-

Nachdem die Restaurationskosten alle Erwartungen überschritten, darf er auch wieder zum Arbeiten herangezogen werden.

… und von der rechten Breitseite. Doch mittlerweile zugelassen, kann er sich von allen Seiten sehen lassen.

schlag, dass ich die fehlenden Teile auch in gutem gebrauchtem Zustand bekommen könnte. Da sagte ich natürlich sofort zu!

Ja, solche Erlebnisse waren es, die mich an der Zusammenarbeit mit der Deutz-Vertretung immer wieder erfreuten. Nur drei Tage später waren die Teile da und ich konnte sie einbauen. Seitdem läuft die Zapfwelle wieder störungsfrei.

Bei der Fronthydraulik beschloss ich, die fehlenden Teile selbst herzustellen. Dabei fiel mir ein, dass wir die Dreipunktmechanik von unserem alten Eigenbautraktor vor der Verschrottung noch schnell abgebaut hatten. Lediglich die unteren Arme mussten etwas umgebaut werden, um sie hier weiterverwenden zu können. Das fehlende Dreieck wurde ebenfalls von mir selber hergestellt.

Bei all dem Eifer bereitete mir noch etwas anderes Kopfzerbrechen. Der zweite und vierte Gang ließen sich nicht schalten und auch die Rückwärtsgruppe machte erhebliche Probleme. Schutzbleche und Bodenblech waren noch nicht wieder montiert und so machte ich mich – voll böser Vorahnung – daran, den Getriebedeckel zu entfernen. Aber soviel und sooft ich auch reinschaute, es war kein Fehler zu entdecken! Die

DEUTZ FAHR

Schaltwellen ließen sich hin- und herschieben, es funktionierte alles. Der Fehler musste außerhalb liegen. Mein Blick fiel auf den Schaltturm, auf die Gestänge und schließlich auf die Kreuzgelenke, und in diesem Moment wurde mir alles klar. Eben diese kleinen Kreuzgelenke waren so ausgeschlagen, dass die Verbindungsstifte im Gelenk vielleicht noch 3 bis 4 mm stark waren, die Bohrungen aber, in der sie saßen, etwa 10 mm groß sind. Da ließ sich nichts selber anfertigen, hier mussten wieder Originalteile bestellt werden. Mittlerweile war mein Name bei der Deutz-Vertretung recht gut bekannt und die Teile kamen – wie gewohnt – schnell und zuverlässig. Zu meiner großen Erleichterung ging dann die Schaltung wieder.

Langsam hatte ich mich bei dem Traktor von vorn nach hinten durchrepariert, die Technik war also wieder in Ordnung. Es blieb jetzt noch die Farbgebung. Zuerst wurden alle Teile geschliffen und grundiert und danach wurden sie lackiert.

Die total marode und an vielen Stellen geflickte Elektrik wurde von einem Fachmann fachgerecht instand gesetzt.

Abschließend bleibt noch zu erwähnen, dass der Traktor seit 2002 stillgelegt ist und somit zusätzlich zur TÜV-Prüfung ein DEKRA-Gutachten notwendig ist. Aber ich denke, dass wir auch diese Sache gut in den Griff bekommen. ■

Tüftlergeneration mit Feingefühl für Technik:

Die Firma Platten

Von Wolfram Zimmermann und Willi Kammerer

Wir befinden uns im badischen Bad Peterstal-Griesbach, im Büro der Firma „Ernst Platten“. Uns gegenüber sitzt Alfons Platten, 73-jährig, Schmiedemeister von Beruf. Zunächst zögerlich, dann aber immer bereitwilliger gibt er uns Auskunft, erzählt aus seinem erfüllten Leben, von seinen Vorfahren, dem Aufbau der Fahrzeugfabrikation in firmeneigenen Werkstätten, denn der Name „Platten“ ist in unserer Heimat nach wie vor ein Begriff.

Handwerkskammer Freiburg
für die badischen Kreise Freiburg, Lörrach und Offenburg
mit dem Sitze in Freiburg im Breisgau.
Meister-Brief.
Herrn Ernst Platten
geboren am 15. August 1888 in Peterstal
wird hiermit bestätigt, daß er vor der unterzeichneten Prüfungs-Kommission auf Grund der von der Handwerkskammer Freiburg mit Genehmigung des Großh. Ministeriums des Innern erlassenen Meister-Prüfungs-Ordnung die Meisterprüfung für das
Schmiede-Handwerk
(Name des Handwerks)
abgelegt und bestanden hat. Er ist somit nach Maßgabe der Bestimmungen des § 133 der Reichs-Gewerbe-Ordnung zur Führung des Meistertitels in Verbindung mit dem vorgenannten Handwerk berechtigt.
Offenburg, den ... Februar 1913
Die Meister-Prüfungs-Kommission:
Der Vorsitzende:
Gustav Müller
Die Meisterbeisitzer:

1863, mit der Einheirat von Schmiedemeister Andreas Platten in die örtliche Schmiede, begann eine Firmenentwicklung, die ihresgleichen sucht. Motorisierung, diesen Begriff gab es zu jener Zeit natürlich noch nicht. Der Betrieb der Hammerschmiede und der Hufbeschlag zahlreicher Pferde seiner Kundschaft prägten einen harten, entbehrungsreichen Arbeitsalltag. Pferde wurden als kräftige Zugtiere der Landwirtschaft im steinig steilen Gelände des hinteren Renchtals eingesetzt, aber auch bei der Holzabfuhr, dem Transport von Schotter für den Straßen- und Wegebau, dem Transport von Bauholz aus den Sägewerken oder der Peterstaler Trinkbrunnenbetriebe, die mit Fuhrwerken ihr heilsames Wasser in Tonkrügen bis in das 70 km entfernte Straßburg transportierten. Weitaus angenehmer war der Hol- und Bringdienst für die zahlreichen Kurgäste, die in Bad Peterstal und Bad Griesbach Heilung und Erholung suchten und fanden, mit der Eisenbahn aber nur bis Oppenau reisen konnten. In der Hammerschmiede selbst wurden die Eisenbereifungen der Leiter- und Langholzwagen gefertigt, aber auch Pflüge, Eggen, Ketten und Erntegeräte mannigfacher Art. Darüber hinaus werden das umfangreich vielfältige Werkzeug für die Holzarbeiter, Waldgeschirr genannt, oder die nicht minder anspruchsvollen Werkzeuge für die Steinhauerei hergestellt.

1928: die Motorisierung begann

65 Jahre später, wir schreiben das Jahr 1928, begann die Motorisierung, und die Firma Platten stellte sich – die Zeichen der Zeit erkennend – darauf ein. Es war Ernst Platten sen. (1888–1963), der den Umbau der Werkstatt vorantrieb und mit dem Neubau eines Haushalts- und Eisenwarengeschäftes, das es heute noch gibt, die Zukunft der Firma sicherte. Seine Meisterprüfung legte er noch vor dem Ersten Weltkrieg ab.

Im Jahr 1938 übernahm die Firma Platten die Direktvertretung der Motorradmarken BMW und Viktoria sowie verschiedener Fahrradhersteller. Zur selben Zeit wurde eine Shell-Tankstelle auf dem Werkstattgelände eingerichtet.

Tiefe Einschnitte in das aufblühende Unternehmen brachte der Zweite Weltkrieg. Die Geschäftstätigkeit kam fast zum Erliegen. Zwei Söhne von Ernst Platten sen. wurden zur Wehrmacht eingezogen. Sohn Ernst kam 1945 aus englischer, Sohn Rudolf 1946 aus amerikani-

scher Kriegsgefangenschaft heim. Nachdem Ernst Platten jun. (1921–2004) sein Abitur bereits vor dem Zweiten Weltkrieg abgelegt hatte, begann er nach dem Krieg an der Technischen Hochschule in Karlsruhe das Studium für Maschinenbau, das er 1952 mit der Diplomprüfung abschloss. Sohn Rudolf legte im gleichen Jahr die Prüfung zum Schmiede- und Hufbeschlagmeister ab. Aus der bestehenden Tankstelle entwickelte sich auf einem größeren Grundstück, das an der Hauptstraße lag, eine moderne Tankanlage mit Wagenpflege und Kundenservice, die von Rudolf Platten geführt und betreut wurde. Zusätzlich wurde eine Ford-Pkw-Vertretung übernommen.
Bereits 1948 – noch vor der Währungsreform – stellte die Firma Platten ihren ersten, selbst entwickelten, einachsigen, motorisierten Handwagen her. Zum Einbau kamen zunächst alte Motoren von Vorkriegsmotorrädern mit Kickstarter und Lamellenkupplung. 1949, nach der Währungsreform, schlug die Geburtsstunde des Ponny. Man beachte die wohlüberlegte Namensgebung Ponny, als Nachfolger der einstigen Pferdefuhrwerke.

Ponny – ein motorisiertes Dreirad mit kippbarer Ladepritsche

Ein motorisiertes Dreirad mit einem 6,5 PS starken Zweitakt-Hirth-Vergasermotor und mit einer kippbaren Ladepritsche. Für Nebenerwerbslandwirte bestens geeignet. Ein Mehrzweckfahrzeug in Gänze auf die Bedürfnisse der heimischen Landwirtschaft ausgerichtet. Mit einer maximalen Zuladung von 500 kg ein hervorragender, späterhin unentbehrlicher Helfer in den Steillagen des nördlichen Schwarzwaldes. Ponny-Kleinlaster. Das Fahrzeug für jeden Zweck, für Berge und Ebene. Mit diesem Slogan bewarb die Firma ihre Eigenentwicklung in einem

Ponny I in einfacher, praktischer Ausführung. Darunter Ponny III mit Lenkrad und elektrischer Beleuchtung.

Unten ein vierrädriges Ponny im kommunalen Einsatz.

eigens angefertigten Farbprospekt und hatte damit Erfolg.

Ebenfalls 1949 war es wiederum die Firma Platten, die die Direktvermarktung des Traktorenherstellers Normag-Zorge aus Hattingen an der Ruhr übernahm. Auf der ersten Offenburger Herbstmesse – der ersten Ausstellung nach dem Krieg überhaupt – wurden die Normag-Traktoren samt den Dreiradfahrzeugen auch gleich einem großen Publikum vorgestellt.

Schlichte Typenblatt-Werbung aus den fünfziger Jahren.

Hans-Jörg Mayer mit seinem Ponny 3. Damit erledigt er noch heute Arbeiten in Wald und Weinberg.

Es zeichnet jedoch die Firma Platten aus, nicht auf dem Erreichten, auf dem mit großem Erfolg beworbenen und verkauften Eigenentwicklungen selbstzufrieden zu beharren.

Dem Namen Ponny blieb die Firma treu und bezeichnete die Weiterentwicklungen mit den römischen Ziffern Ponny I–IV. Vom Dreiradfahrzeug zur vierrädrigen Zugmaschine mit Ladebrücke.

Der Zufall wollte es, dass der Magistratsrat, Chef des Garten- und Friedhofamtes der Stadt Frankfurt, in den 60er Jahren zur Kur im Renchtal weilte. Er sah das Ponny I, wie es sich im täglichen Arbeitseinsatz bewährte, welch handlichen Umgang es ermöglichte und wie flexibel es einsetzbar war.

Einladung nach Frankfurt, Pony hatte Nase vorn

Noch im gleichen Jahr lud er die Firma Platten nebst einigen namhaften Mitbewerbern zur Vorführung auf den städtischen Hauptfriedhof nach Frankfurt ein. Und das Ponny hatte unangefochten die Nase vorn. Der Einstieg in das Kommunalgeschäft war geschafft. Fortan führte der Weg der Firma Platten steil nach oben. Im Jahr 1965 – die Deutsche Bahn hatte in Bad Peterstal-Griesbach ihren Güterverkehr stillgelegt – konnte auf dem Bundesbahngelände eine erste große Fertigungshalle errichtet werden. Dort wurden fortan die Fahrgestelle hergestellt und

TYP	Motorisierung und Ausrüstungsmöglichkeiten	Leistung PS	Hubraum cm^3	Getriebe Schaltstufen
Ponny I	Luftgekühlter Hirth-Vergasermotor	6,5	250	Dreigang
Ponny II	Einzylinder-MWM-Dieselmotor	12	1200	Viergang
Ponny III	Wahlweise luftgekühlter Zweizylinder-MWM- oder Deutz-Diesel mit:Seilwinde, hydraulischer Kippvorrichtung, beheizbarer Fahrerkabine	15	1500	Viergang
Ponny IV	Luftgekühlter Zwei- und Dreizylinder -MWM- Dieselmotor mit: Seilwinde, hydraulischer Kippvorrichtung, Seitenmähwerk	30–40	3000	Viergang

lackiert. Die Endmontage erfolgte im bestehenden Werkstattgebäude in Bad Peterstal. Der Name Platten wurde beibehalten, denn mit ihm identifizierte sich die immer zahlreicher werdende Kundschaft. Der einstige Name Ponny wurde durch die Abkürzung P ersetzt. Die Dreiräder liefen unter den Bezeichnungen P 1 und P 3, wobei im P 3 S erstmals auch ein VW-Golf-Dieselmotor zum Einsatz kam, die Vierräder unter den Bezeichnungen P 4, P 4 S und P 4 H.

Ein reichhaltiges Angebot als Voraussetzung für die unterschiedlichsten Einsätze

Und war eben noch lapidar von einer Vielzahl von Anbaugeräten die Rede, so heißt das nun im Klartext: Seilwinde, Aufsteckgitter, Kehr- und Saugeinrichtung, Gießeinrichtung, Winterdienstgeräte, Großraumcontainer auf Drehkranz montiert, integrierte hydraulische Abstützungen, Allradausführung, hydraulische Lenkung, Allradlenkung, Hydrauliklader heckseitig aufgebaut, Spezialvorrichtung zum Aufnehmen und Entleeren von Abfallbehältern, vollhydraulische Korbentleerung, Komfortkabine mit Warmwasserheizung, gefederte Vorderachse pendelnd aufgehängt und eine Höchstgeschwindigkeit bis 45 km/h.

Nach mehrjähriger Zufriedenheit der Kundschaft wurde aus deren Reihen der Wunsch geäußert, einen Gräberbagger mit den bisher verwendeten Bauteilen zu konstruieren. Sie wurden u.a. mit einem Atlas-Baggeraufsatz ausgerüstet. Rhetorische Frage an den Leser: Geht es noch umfangreicher, noch innovativer, noch flexibler, wenn es die Kundenwünsche der Kommunalbetriebe, Friedhofsverwaltungen oder Gartenbauverwaltungen betrifft? 20 sichere Arbeitsplätze bot die Firma Platten. Doch als 1998 das von der Deutschen Bahn AG angemietete Grundstück, auf dem die Werkshalle stand, trotz intensiver Bemühungen nicht käuflich erworben werden konnte und somit die bereits geplante Betriebserweiterung nicht mehr durchführbar war, gab es für die

Firma Platten keine Möglichkeit mehr, ihre Produktion aufrechtzuerhalten. Sie musste eingestellt werden. Heute kann Alfons Platten – im Rahmen des Möglichen – nur noch die Ersatzteilversorgung leisten.

Doch, liebe Leser, die Entwicklung der Produktpalette der Firma Platten liest sich heute so leicht, so unbekümmert. Wie viele ganz eigene Gedanken, Konstruktionspläne, Versuche unternommen und wieder verworfen werden mussten, um so erfolgreich werden zu können, das können wohl nur jene Personen ermessen, die an der Entwicklung, an der Erprobung und schließlich an der Montage, am Marketing und im Verkauf selbst beteiligt waren. Und besuchen Sie heute die Hauptfriedhöfe in Frankfurt, Stuttgart, Wiesbaden, Gelsenkirchen, Fulda, Leverkusen, Nürnberg, Düsseldorf oder Hamburg, um nur einige zu nennen, und es begegnen Ihnen solche Fahrzeuge, dann werden Sie auch heute noch auf den Seitenkippern und dem Führerhaus das Logo der Firma Platten stehen sehen – und Sie werden sich vielleicht an diesen Artikel erinnern. Darauf kann Alfons Platten in Bad Peterstal heute noch mit Recht stolz sein und in Dankbarkeit auf sein persönliches Lebenswerk und das seiner Brüder Ernst und Rudolf zurückblicken. ■

Rechts: Schmiedemeister Alfons Platten vor einem vierrädrigen Ponny.

Ponny Typ P4 HY mit VW-Diesel und hydrostatischem Antrieb. Lenkung, Antrieb und Zweikreis-Bremsanlage wirken auf alle vier Räder, geräuschgedämmte Kabine und Dreiseitenkipper. Da kommen schnell um die 2 Tonnen auf die Waage.

So selten wie die blaue Mauritius:

Das LAURÉN-MOTORPFERD

Von Bernd Peinelt

In den 50er und 60er Jahren gab es in Deutschland eine fast unüberschaubare Zahl von Traktor-Herstellern. Neben den großen Marken wie Lanz, Hanomag oder Deutz gab es auch solche, die nur Kleinserien oder Einzelstücke in Hinterhofwerkstätten fertigten. Meistens waren es Konfektionsschlepper, also Traktoren, die aus zugekauften Teilen zusammengebaut wurden. Einige dieser Hersteller waren dabei sehr erfolgreich, andere dagegen verschwanden schnell wieder von der Bildfläche. Hierzu zählen auch die Traktoren des Konstrukteurs Bengt Laurén.

Bengt Laurén wurde 1914 in Fullösa bei Kinnekulla in Schweden geboren. Der Start seiner Karriere begann im Alter von 18 Jahren, als er mit seinem Kompagnon Sixten Rosén eine Landmaschinenwerkstatt in Lidköping eröffnete. Anfangs handelte man mit Fordson-Traktoren. Der Einzugsbereich der Werkstatt wurde immer größer und nach kurzer Zeit verließ Sixten Rosén das Unternehmen, der Name Rosén & Laurén wurde jedoch beibehalten. Bereits jetzt beschäftigte sich Laurén mit seinem eigenen Projekt, nämlich selbst Traktoren zu bauen. Traktoren, auf denen sein eigener Name zu lesen war. Von Anfang an dabei war seine Tochter Marita. Als Kind spielte sie zwischen den Traktoren und später half sie bei der Büroarbeit und auch bei anderen Tätigkeiten.

Im Zweiten Weltkrieg musste Bengt Laurén als Soldat in einer Kfz-Werkstatt arbeiten. Hier waren es überwiegend Panzer und Lkw,

Bengt Laurén *1914

die er zu reparieren hatte. Nebenbei konstruierte und baute er unter dem Namen Ro-La Gasgeneratoren und Mähwerke. 1942 reiste er in das besetzte Norwegen und versuchte, hier die Aggregate und Maschinen zu verkaufen.

Gegen Ende des Krieges holte Laurén zusammen mit einem Freund Flugzeuge aus England, wobei er für Karte und Kompass zuständig war. Da sie als Angehörige der Royal Air Force angesehen wurden, konnten sie trotz geschlossener Grenzen ohne Hindernisse nach England einreisen. Hier nahm Laurén die Gelegenheit wahr und besuchte auch verschiedene Traktorenwerke. Unter anderen besuchte er David Brown, Fowler, Marshall und Rotary Hoe. Nachdem die Grenzen wieder offen waren, importierte Laurén sehr erfolgreich Traktoren aus Eng-

Rosen & Laurén stellen 1940 in Lidköping aus: Traktoren und landwirtschaftliche Gerätschaften.

Eine Dreschmaschine aus der Produktion von Rosen & Laurén.

land, hauptsächlich von David Brown. In Schweden herrschte ein großer Mangel an Landmaschinen und das nötige Geld zur Anschaffung dieser Maschinen war auch nicht immer vorhanden. Bengt Laurén ließ dann auch schon mal die Landwirte ihre Wechsel mit diversen Tauschgeschäften einlösen, wenn sie kein Geld hatten. Er nahm Gemälde, Motorräder und Elektrogeräte, aber auch Rinder und Pferde in Zahlung. Da waren auch schon mal alte und seltene Traktoren dabei. Alle diese Sachen sammelte Laurén, um sie später in einem Museum zu präsentieren. Doch dazu sollte es nicht kommen, denn alle Gegenstände wurden 1995 von der Rubens Maschinengeschichtlichen Sammlung in Götene gekauft, wo sie bis heute ausgestellt und gepflegt werden. Unter den ausgestellten Gegenständen befinden sich unter anderem auch Traktoren von Huber, Munktell, Mogul, Emerson, Samson, Hart Parr, Lanz, Avance und Bofors.

Die Firma Rosén & Laurén wuchs jetzt stetig und die Anzahl der Angestellten stieg auf 75 Mitarbeiter. Es gab eine Werkstatt in Lidköping und eine in Spanga sowie ein Lager im Hafen von Värta. Flächendeckend entstand ein weites Händlernetz. Neben David Brown wurde jetzt auch Ford-Traktoren verkauft. Um noch flexibler zu sein, machte Bengt Laurén das Schiffspatent und kaufte sich ein eigenes Schiff, auf dem bis zu vier Traktoren Platz hatten. So konnten auf direktem Weg weitere Häfen mit Traktoren beliefert werden.

Bengt Laurén war in der Vermarktung seiner Schlepper und Maschinen sehr aktiv. Er organisierte Wettpflügen und Reparaturkurse. Ein eigener Filmbus rollte im Frühjahr für zwei Monate zu den gut 60 Händlern, wo die Neuheiten im Film vorgestellt wurden. Immer mit dabei war ein Lkw mit den neuesten Traktoren und Maschinen.

1946 gründete Laurén eine Aktiengesellschaft (A/B), die in verschiedene Bereiche aufgeteilt war. Es gab die Traktorkompaniet A/B, Rosén & Laurén A/B, Traktorspedition A/B sowie die Laurén Traktor A/B. Das Importgeschäft war sehr erfolgreich. Im Jahre 1948 waren ein Drittel der eingeführten Traktoren englische Produkte. Laut einer Anzeige in einer Zeitschrift wurden zwischen 1948 und 1952 jährlich bis zu 1.000 David-Brown-Traktoren importiert. Anfang der 50er Jahre lebte Lauréns Idee wieder auf, selbst Traktoren zu bauen. Auf der Suche nach einem passenden Motor fuhr er nach Deutschland und kaufte bei VW luftgekühlte Motoren für einen kleinen Schleppertyp, der zugleich auch als Geräteträger gedacht war. Vom Aussehen her ähnelte er dem deutschen Fahr-Geräteträger GT 130. So hatte das Laurén'sche Modell K hinten die großen Antriebsräder und vorne an der Lenkachse die kleine-

Dieser Pkw fuhr einst mit einem Rola-Gasgenerator.

Ein Rola-Mittelklasse-Schlepper, ausgerüstet mit einem 30-PS-Zweizylinder Deutz-Dieselmotor.

Landwirtschaftsausstellung 1959 in Jönköping: Lauren-Stand mit Zetor-Traktoren.

ren Räder. Ein einholmiger Rahmen verband beide Achsen und ganz vorne, vor der Vorderachse, war der luftgekühlte 20-PS-VW-Boxermotor aufgebaut. Für diesen Schlepper gab es reichlich Sonderzubehör. Gebaut wurden diese Geräteträger in wenigen Exemplaren in Spanga und einer wahrscheinlich sogar in Flensburg. Des Weiteren wurden etwa fünf Dreizylinder-Rola-Traktoren in Lidköping gebaut. Teile für diese Traktoren wurden per Lkw aus Göteborg angeliefert. Sehr erfolgreich wurden neben den Traktoren aber auch Dreschmaschinen und Pflüge hergestellt.

1952 verkaufte Bengt Laurén seine Niederlassung in Lidköping an den Ford-Händler Eiler Svensson. Zu dieser Zeit verließen viele Händler die Laurén-Traktorkompaniet und schlossen sich noch größeren Organisationen an. Das Argument war damals, dass größere Importeure auch wesentlich mehr Traktoren verkaufen würden. Die Produktion der Rola-Traktoren wurde jedoch unverändert weitergeführt. Es wurden Deutz-Motoren, ZF-Getriebe und andere Komponenten für Rola Zwei- und Dreizylinder-Modelle gekauft, die von 1953 bis 1955 bei Edenhalls Mechanikerwerkstatt in Vallakra bei Helsingborg gebaut wurden. Die Monteure setzten hier je Woche einen Traktor zusammen. Konstruktionszeichnungen gab es nicht, nur die gefederten Vorderachsen und diverse Kleinteile, die bei Edenhalls gefertigt wurden. Der große Rest der zu verbauenden Teile kam per Bahn oder Lkw von den deutschen Zulieferfirmen. Auch in der Farbgebung hatte Laurén seine eigenen Vorstellungen. Seine Traktoren sollten eine Farbe bekommen, die auffällt und die vorher noch kein anderer Traktor hatte. So wurden seine Schlepper in einem angenehmen Hellelfenbein lackiert, was dem RAL-Farbton 1015 entspricht.

Die fertigen Traktoren wurden noch

Der Farbton soll auffallen und bei keinem anderen Traktor zu finden sein

in der Werkstatt Probe gefahren, um sie dann mit dem Lkw direkt zum Händler oder Käufer zu bringen. Nach 14 gefertigten Rola-Traktoren wurde der Bau bei Edenhalls beendet. Laut einem Zeitungsbericht wurde die Produktion zur Vinbergs Mechanikerwerkstatt in Tommarp bei Trelleborg verlegt. Hier wurden noch fünf weitere Traktoren gebaut. Danach wurden weitere vier Dreizylinder-Traktoren in Vallakra hergestellt. Bengt Laurén fertigte in Schweden Rola-Traktoren von 12 bis 45 PS sowie den Geräteträger Modell K. Dazu kam noch ein Allradschlepper Modell Z. Dieser war mit einem 28-PS-Motor ausgerüstet und hatte vier gleich große Antriebsräder an Vorder- und Hinterachse.

Aus Gründen, die heute nicht mehr nachzuvollziehen sind, ging Bengt Laurén 1955 zusammen mit seiner Familie nach Deutschland. In Flensburg-Weiche im Holzkrugweg 8-10 mietete er eine leer stehende Verladehalle einer dänischen Meierei, in der früher Trockenmilch

Besonders selten: Rola-Modell Z mit MWM-Motor und Allradantrieb.

gelagert war. In dieser Halle, direkt gegenüber dem Güterbahnhof, richtete er eine Werkstatt nebst Büro zum Bau von Traktoren ein. Hier nun, genau an der deutsch-dänischen Grenze, gründete er die Laurén Motor GmbH Flensburg. Im gleichen Jahr nahm er Kontakt zur Fa. Sulzer Maschinen- und Fahrzeugbau in Harthausen auf. Er kaufte mehrere Sulzer-Traktoren vom Typ S 11, die mit dem Deutz-Dieselmotor F 1 L 612 und einem Hurth-Getriebe ausgerüstet waren. Sehr wahrscheinlich wurden diese Sulzer-S-11-Schlepper nach Schweden exportiert oder aber auch als Vorlage für die eigenen Traktoren benutzt, die in Flensburg gebaut werden sollten. Möglich ist auch, dass Bengt Laurén aus einem der Sulzer S 11 einen Prototypen seines Traktors baute. Der einzige in Deutschland erhalten gebliebene Laurén-Traktor ist ein Prototyp. Er wurde am 18. April 1955 in einer Einzelabnahme von der Technischen Prüfstelle 7 in Flensburg abgenommen. Seine Fahrgestell-Nummer lautet: TP 7-

Einzigster Schlepper in Deutschland: ein Prototyp

18455. Hierbei steht TP 7 für Technische Prüfstelle und 18455 für das Abnahmedatum. Auch dieser Traktor, das Laurén- Motorpferd, hatte den 11-PS-Deutz-F-1-L-612-Motor und das Hurth-Getriebe. Es liegt also nahe, dass Bengt Laurén einfach das Sulzer-Haubenemblem gegen das Laurén-Emblem ausgetauscht hat. Das Gleiche gilt auch für das Typenschild.

Mit diesem Prototyp als Vorlage sollten nun weitere Traktoren in Flensburg gebaut werden.

Ende 1955 erschien im Flensburger Tageblatt eine Anzeige, in der die Firma Laurén Motor GmbH einen Monteur für die Produktion der Traktoren suchte. Der damals 19-jährige Landmaschinenschlosser-Geselle Peter Andresen las diese Zeitungsanzeige und bewarb sich bei Laurén. Neben Herrn Andresen und einer Frau fürs Büro gab es in dieser Firma nur noch Bengt Laurén selbst. Die Frau war wahrscheinlich die Tochter von Bengt Laurén. Peter Andresens Aufgabe war es nun, zusammen mit dem Chef aus Teilen einen Traktor zusammenzubauen. Die ganze Werkstatt lag voller Teile und Kisten, die mit der Bahn aus ganz Deutschland nach Flensburg gebracht wurden. Verbaut wurden Deutz-Motoren, Hurth-Getriebe, ZF-Lenkungen, Vorderachsen von der Firma Bergische Achsen, IHC-

Lauren-Motorpferd mit 11-PS-Deutz-Dieselmotor und Hurth-Getriebe, der einzigste in Deutschland erhaltene Schlepper dieser Firma.

Bilder: Ulrich von Drathen

Im Frühjahr 1956 jedenfalls gab es die Firma Laurén Motor GmbH Flensburg nicht mehr. Wie viele Traktoren damals in Flensburg gebaut wurden, ist nicht bekannt. Aber man darf davon ausgehen, dass es nur wenige Exemplare waren. Auf Grund der Tatsache, dass der einzige in Deutschland bekannte Laurén-Traktor – heute im Besitz des Sammlers Ulrich von Drathen – am 18. April 1955 seine Einzelabnahme bekam, aber erst am 7. Mai 1956 zugelassen wurde, ist davon auszugehen, dass der Schlepper als Muster dienen sollte, dann aber verkauft wurde.
Peter Andresen betreibt heute zusammen mit seinem Sohn eine Kfz-Werkstatt in der Nähe von Flensburg.
Bengt Laurén verließ Deutschland aus finanziellen Gründen und ging wieder zurück nach Schweden. In Dalby und Linköping eröffnete er Filialen und verkaufte sehr erfolgreich Zetor-Traktoren. 1962 kehrte die Familie Laurén zurück auf den elterlichen Hof in Fullösa. Die Stallgebäude baute Laurén zu einer

Bilder rechte Seite: Ein Rola-Schlepper der Oberklasse, ausgerüstet mit einem luftgekühlten 45-PS-Dreizylinder-Diesel von Deutz.

Die neue Generation: Rola-Traktor mit Kabine und Sechzylinder-Perkinsmotor. Er leistet 100 PS.

Rola-Allradtraktor mit 100 PS.

Anhängerkupplungen, Tanks und Armaturentafeln von Deutz, Elektrik von Bosch, Felgen von Kronprinz und Blechteile aus dem Presswerk Haugg in Augsburg.
Nach drei Tagen war der erste Traktor fertig, Herr Andresen bekam seinen Lohn und durfte wieder gehen. Bengt Laurén versprach ihm aber, wenn die Serienproduktion anlaufe, ihn wieder einzustellen. Doch daraus sollte nichts mehr werden. So schnell wie Laurén nach Flensburg kam, so schnell verschwand er auch wieder. Herr Andresen erinnerte sich noch daran, dass auch noch ein unlackierter Geräteträger vom Modell K in der Werkstatt stand, den Laurén wohl als Muster aus Schweden mitgebracht hatte, um ihn dann in Flensburg weiterzubauen. Möglich ist aber auch, dass dieser Geräteträger bereits in Flensburg gebaut wurde.

Bilder oben: Traktor-Montage 1954 in Edenhalls.

Tochter Marita Lauren 1955 in der Flensburger Werkstatt.

Bild rechts: Geräteträger Modell K mit 20-PS-Benzinmotor.

Werkstatt um, in der eine neue Generation Rola-Traktoren hergestellt werden sollte. Die neuen Rola-Traktoren waren mit Perkins-Motoren ausgestattet, die mit Leistungen von 80, 100 und 120 PS geliefert wurden. Einer dieser Schlepper wurde sogar mit Allradantrieb gebaut. Zehn dieser blau lackierten Traktoren wurden von 1965 bis 1976 in Fullösa von wenigen Mitarbeitern gebaut. Weiterhin importierte Laurén Traktoren von Deutz und Steyr. Insgesamt soll Laurén über 5.000 Traktoren nach Schweden importiert haben, wobei seine eigene Traktorenproduktion bescheiden klein geblieben ist. Heute sind noch 14 Rola- bzw. Laurén-Traktoren bekannt. Zehn davon gibt es in Schweden, drei in Dänemark und einen sogar in Deutschland.

Einen Spinner genannt

Auch Ulrich von Drathen, der deutsche Besitzer des Laurén'schen Motorpferdes, hatte es nicht immer leicht mit seinem Einzelstück. Selbst als Spinner hat man ihn schon bezeichnet, man unterstellte ihm, einen Phantasie-Schlepper zu besitzen, vielleicht sogar selbst hergestellt. Heute allerdings weiß man es besser und er kann stolz auf diesen einmaligen Traktor sein. Wie schon im Titel gesagt: Er ist so selten wie die blaue Mauritius.

Nachdem Bengt Laurén die Produktion und den Handel mit Traktoren eingestellt hatte, widmete er sich der Konstruktion von Radiobausätzen für Kinder. Später entwickelte er Buchführungssysteme für Landwirte.

Bei der Fertigstellung des Berichts war Bengt Laurén 92 Jahre alt und wohnte in einem Altersheim in Schweden. ■

Die Erstellung dieses Berichts war ohne die Unterstützung weiterer Mitarbeiter nicht möglich. Deshalb gilt mein besonderer Dank Herrn Lars von Rosen aus Schweden, Herrn Peter Andresen aus Tastrup bei Flensburg sowie Herrn Ulrich von Drathen.

Einzigartig, nur er hat überlebt:

John Deere 2140

Die Geschichte eines modernen Oldtimers

Was gibt es besonderes an einem John Deere 2140 ohne Allradantrieb? Nun, auf den ersten Blick eigentlich nichts! Ein Traktor, der – allerdings als Allradmaschine – zu vielen Hunderten hergestellt wurde, mittlerweile jedoch technisch etwas überholt und durch Nachfolger mehrerer Generationen ersetzt wurde. Dennoch ein moderner Traktor unserer Zeit, der vom aufmerksamen Beobachter noch häufig auf den Feldern bei der Arbeit beobachtet werden kann. Also kann dieser Traktor doch nicht für sich in Anspruch nehmen, ein Oldtimer zu sein! Oder doch?

Damals, als diese Schlepper noch zu kaufen waren, wurden etwa 90 % von ihnen mit einem Allradantrieb geliefert, obwohl dafür mit runden 10.000 Mark Mehrkosten zu rechnen war. Und die wenigen ohne Allradantrieb gelieferten Schlepper wurden vorwiegend in die USA und nach Kanada geliefert, um dort als Zweit- oder Pflegeschlepper ihre Dienste zu tun. Dieser John Deere jedoch ist nicht mit einem Allradantrieb ausgerüstet. Deshalb ist er bei uns in Deutschland und sogar dem kompletten Europa ein recht seltener Traktor. Dieser Umstand mag ihn zwar selten machen, auf keinen Fall jedoch einzigartig.

Einmalig: ein fabrikneuer Prototyp. Besonders selten: Bauart als Hinterradmaschine.

Nein, dieser John Deere 2140 ist ein Prototyp!
Als er vom Band rollte, ging seine Fahrt direkt in die betriebseigene Versuchswerkstätte. Und hier erfuhr er Neuerungen und Verbesserungen, mit ihm wurde probiert, getestet, er wurde umgebaut und verbessert, so lange, bis eine Serienreife der einzelnen Änderungen erreicht werden konnte. Eine Vorgehensweise, wie sie schon bei den Bulldogs üblich war.
Er unterscheidet sich also durch die vielen Änderungen, die es in dieser Typenreihe nicht gegeben hat, die aber im Nachfolgemodell zu finden sind. Was jedoch die einzelnen Neuerungen und Änderungen ausmacht, das war von der Firma damals nicht zu erfahren. Aus Geheimhaltungsgründen, so der

einhellige Tenor aus der Entwicklung. Verständlich, denn die Entwicklung der Nachfolge-Baureihe war noch nicht abgeschlossen und damit der Öffentlichkeit und vor allem den Mitbewerbern unbekannt.
Damals, als er das Montageband verließ, das war Ende 1984 – und zum Sommer 1987 kam er in Sammlerhände –, war er ein einzigartiges Dokument und Zeugnis einer technischen Weiterentwicklung. Es gab jedoch schier unüberwindliche Hürden, einen Versuchstraktor aus der Fabrik zu bekommen, denn üblicherweise wurden diese Fahrzeuge nach der Ausmusterung wieder zerlegt und entsorgt. Es war der Firma, nicht nur der Garantieansprüche wegen, zu riskant, derartige Fahrzeuge zu veräußern oder gar in die Hände eines Landwirts zu geben. Deshalb auch die Auflage – falls dieser Prototyp dem Straßenverkehr zugeführt werden sollte –, dies nicht vor Ablauf von fünf Jahren zu tun.

Mittlerweile sind nahezu 25 Jahre vergangen, und er ist noch immer sozusagen fabrikneu, der Betriebsstundenzähler weist etwas über 200 Betriebsstunden aus, wovon er 185 Stunden als Versuchsmaschine in der Versuchswerkstatt abgeleistet hat.

Die technische Seite

Als Serienschlepper – 1979 neu vorgestellt – war der JD 2140 der damals leistungsstärkste Traktor mit Vierzylinder-Dieselmotor, der im Mannheimer Werk als Mitglied einer neun Traktoren umfassenden Angebotspalette gefertigt wurde. Hier standen vier Dreizylinder-, drei Vierzylinder- und zwei Sechszylinder-Maschinen mit einer Leistungsbreite von 38 PS (28 kW) bis 97 PS (71 kW) zur Wahl. Der 2140 war dabei der einzige mit Ladeluftgebläse ausgerüstete Traktor und leistete 82 PS bzw. 60 kW. Ein wassergekühlter Vierzylinder-Direkteinspritzer mit einer Bohrung von 106,5 mm, einem Hub von 110 mm und einem Hubraum von über 3,9 Litern, der einen Drehmomentanstieg von 17,8 % erreichte. Die Arbeitsdrehzahl lag zwischen 1.600 und 2.500 U/min.
Als Getriebe standen mehrere Varianten zur Wahl. Der Prototyp ist mit einem Synchron-Leichtschaltgetriebe mit acht Vorwärts- und vier Rückwärtsgängen ausgerüstet, das über zwei Schalthebel geschaltet wird und eine höchste Fahrgeschwindigkeit von 30 km/h erreicht. Dazu die Lastschaltstufe, die während der Fahrt ohne Betätigung der Kupplung zu schalten ist

Von oben: Eine Serienmaschine in Allradausführung.

Die SG 2-Kabine, ein komplett getrennt gefertigtes Bauteil.

Die Getriebeschalthebel mit LS-Schalthebel (gelb).

Der Arbeitsplatz: bequem, modern, übersichtlich und aufgeräumt, und eine großzügige Rundumsicht.

Die komplette 40er Baureihe. Alle Vier- und Sechszylinder-Maschinen in Allradausführung.

und die Motordrehzahl in der Laststufe um 21 % reduziert, dabei aber das Drehmoment um 27 % steigert. In der Stellung Schnell dagegen wird die Motordrehzahl direkt übertragen.

Bei dieser Baureihe hatte man besonders darauf geachtet, dass sich beim Gruppenschalthebel die Gruppe I und Rückwärts gegenüberlagen, ein direktes Durchschalten also möglich war, und dass die Rückwärts-Fahrgeschwindigkeit sogar um 50 % höher lag. Ein großer Vorteil, der besonders bei Frontlader-Arbeiten sehr geschätzt wurde.

Das Getriebegehäuse war aus einem Guss hergestellt und diente einmal als Ölvorratsbehälter für Getriebe- und Hydrauliköl, hier waren aber auch die wartungsfreien Scheibenbremsen untergebracht, die – hydraulisch betätigt – deshalb ölgekühlt waren.

Die SG2-Kabine war eine speziell für Europa entwickelte Kabine und passte sich mit einem ausgeglichenen Styling harmonisch an den Schlepper an. Zu erkennen war sie an der gebogenen Frontscheibe und dem asymmetrischen Steg, der von der Sicht des Fahrers aus zusammen mit dem Luftfilter und dem Auspuff eine Linie bildete.

Weiter hervorzuheben ist der geringe Geräuschpegel, der auch bei höchster Motordrehzahl unter 80 dB(A) blieb und damit alle gesetzlichen Höchstwerte unterschritt. Aber auch Lärm, Staub und Vibrationen wurden vom Fahrer abgehalten, denn die SG2-Kabine war vom Schlepper getrennt und nur durch vier Gummi-Silentblöcke verbunden. Zusätzlich erfüllte sie die Voraussetzungen eines Vierpfosten-Sicherheitsbügels.

Mit dieser Konstruktion war es möglich, die komplette Kabine in dem auf Kabinen spezialisierten Zweigwerk in Bruchsal zu fertigen und erst bei der Endmontage mit dem Traktor zusammenzubringen bzw. – wie man es im Mannheimer Werk zu nennen pflegte – zu verheiraten.

Mittelpunkt der Kabine war der Super-Deluxe-Sitz, der – gepolstert, hydraulisch gedämpft und an Schraubenfedern aufgehängt – in Größe und Gewicht dem Fahrer angepasst werden konnte. Ebenso das Lenkrad der hydraulischen Lenkung – dieses ließ sich in Höhe und Neigung verstellen und dem Fahrer anpassen.

Der Prototyp-Traktor ist mit einer Bereifung der Größe 15.5-38 ausgerüstet und erreicht damit eine Höhe bis Oberkante Kabine von 2.645 mm, eine Breite von 2.055 mm und eine Länge von 3.735 mm. Das Gewicht beträgt stolze 3.700 kg.

Die letzten Geheimnisse

Sicherlich ließe sich die Liste der technischen Seite noch erheblich weiterführen, sind hier doch nur die wichtigsten Merkmale festgehalten, doch viel wichtiger scheint der Unterschied des Prototyps zu den Serienmaschinen zu sein. Da gab es mal den Besuch eines Mitarbeiters eines großen JD-Vertriebspartners. Er hatte seinerzeit auf der 30er Serie gelernt, sich dann im Laufe der fortschreitenden Entwicklung auf die Folgemodelle der 40er und 50er Baureihe weitergeschult und kennt sich naturgemäß detailgerecht aus. Ja, als er diesen Traktor besichtigte, kam er aus dem Staunen nicht mehr heraus. Obwohl täglich mit den grüngelben Traktoren vertraut, war es wie ein kleines Wunder für ihn, mal ein derartiges Fahrzeug zu Gesicht zu bekommen.

Wenn jetzt noch weitere fünf bis zehn Jahre vergangen sind, ist der JD 2140 mit einem Alter von 30–35 Jahren ein echter Oldtimer geworden und er wird dann sicherlich auf dem einen oder anderen Oldtimer-Treffen auftauchen – als Vertreter seiner Baureihe, besonders aber als einziger Prototyp, der aus dieser Serie erhalten werden konnte – sogar fabrikneu erhalten werden konnte! ■

Geräteträger aus der DDR

Der MAUL-WURF

Von Peter Klotz

Bisher berichtete ich immer von meinen Jugenderinnerungen. Dieses Mal geht es aber um einen Schlepper aus DDR-Produktion, der bereits Mitte der sechziger Jahre wieder aus dem Maschinenbestand unserer LPG verschwunden war. Es geht um den Geräteträger RS 08/15, genannt Maulwurf!

Bereits 1949 wurde der Ur-Maulwurf auf verschiedenen Messen ausgestellt. Es handelte sich um einen Traktor mit luftgekühltem Einzylinder-Zweitakt-Ottomotor, der vor der Vorderachse aufgebaut war. Ein Kastenträger verband die Vorderachse mit der Getriebe-Hinterachs-Einheit. In ihm waren Buchsen eingeschweißt, sodass die Geräte einfach angebolzt werden konnten. Der Geräteträger verfügte über eine große Bodenfreiheit und konnte so problemlos zur Hackfruchtpflege eingesetzt werden. Entwickelt wurde der in einer Kleinserie gebaute Maulwurf vom Erfurter Ingenieur Egon Scheuch, der sich schon vor dem Krieg mit Entwicklungen zur Motorisierung von kleinbäuerlichen Betrieben beschäftigt hatte.

Basierend auf diesen Erfahrungen wurde der weiterentwickelte und wesentlich verbesserte RS 08/15 ab 1953 in Schönebeck in Großserie gebaut. Er war nicht als Einer für alle Arbeiten konzipiert, wie etwa der Lanz-Alldog, sondern nur für leichte Arbeiten wie Pflanzenschutz, Pflege, Aussaat, Ernte usw. und konsequent dafür konstruiert. Motor, Getriebe und Hinterachse bildeten einen kompakten Block, an dem der Kastenträger – auch Holm genannt – mit den eingeschweißten Rohrhülsen angeflanscht war. Der Vorderachsbock war auf den Holm aufgesteckt und mit Bolzen durch die Rohrhülsen fixiert. Auf dem Bock befand sich das Ross-Lenkgetriebe, welches durch eine teleskopische Lenksäule mit dem Lenkrad verbunden war. So war es möglich, den Vorderachsbock auf dem Holm zu verschieben und den Radstand von 1.400 mm bis 2.000 mm zu variieren. Die Spurweite an beiden Achsen ließ sich von 1.250 mm bis 1.600 mm verstellen, und die Bodenfreiheit betrug 475 mm unter der Hinterachse und 750 mm unter dem Träger. Auch die Bereifung 6,00-16 vorn und 7-36 hinten war Ausdruck dieser Konsequenz.

Als Motor fand der wassergekühlte Zweizylinder-Zweitakt-Ottomotor

Der Motor.

Typ DKW-F8 Verwendung. Er war eine Vorkriegsentwicklung und stammte, wie sein Name schon sagt, aus dem Automobilbau. Aus 690 ccm Hubraum holte er eine max. Leistung von 15 PS bei 2.000 U/min, die maximale Drehzahl betrug 3.000 U/min. An einen entsprechenden Dieselmotor war zu jener Zeit in der DDR nicht zu denken, sodass man, im Gegensatz zu Lanz, keine Alternative zu diesem durstigen Triebwerk hatte. Der Motor wurde übrigens noch bis zur Wende in die Feuerwehrspritze TS 8 eingebaut. Gestartet wurde er mit einer „Dynastart"-Anlage, das heißt, Starter und Lichtmaschine waren ein Bauteil, dessen Anker an Stelle einer Schwungmasse eingebaut war. Die Kühlung erfolgte nach dem Thermosiphonprinzip ohne Wasserpumpe, der Kühler befand sich unmittelbar vor dem Fahrer unterhalb der Lenksäule. Über dem Motor war der 25 Liter fassende Benzintank angebracht.

Ich glaube nicht, dass es vor dem RS 08 einen Schlepper mit einem so komplexen Getriebe gegeben hat. Insgesamt 44 (!) Zahn-, Schrauben- und Kegelräder versahen in ihm ihren Dienst.

Vom Motor gelangte die Kraft zunächst zu einer Konuskupplung, die mit einem Handhebel betätigt wurde. Auf der sich daran anschließenden Welle befanden sich das Zahnrad für den Zapfwellenantrieb und eine Einscheibenkupplung für den Fahrantrieb. Die Konuskupplung saß also vor dem Getriebegehäuse und die mit einem Pedal betätigte Scheibenkupplung befand sich in einem separaten, ölfreien Raum im Getriebe. Durch diese Kupplungsanordnung war es möglich, bei stehendem Fahrzeug die Zapfwelle anlaufen zu lassen, sowie bei Zapfwellenarbeiten während der Fahrt anzuhalten, während sich die Zapfwelle weiter drehte. Damit ließen sich beispielsweise Verstopfungen bei der Futterernte beseitigen.

Das Getriebe hatte vier Gänge, zwei Gruppen und eine Wendeschaltung, also acht Gänge vorwärts und acht Gänge rückwärts, die alle mit einem Hebel geschaltet wurden. Zapfwellen befanden sich vorn und hinten am Getriebe und konnten entweder motor- oder wegegebunden geschaltet werden, außerdem gab es eine Fahrt-Stand- Schaltung, die es ermöglichte, die Wegezapfwelle bei stehendem Schlepper zu nutzen.

Das Differenzial verfügte über eine pedalbetätigte Sperre, und für die große Bodenfreiheit unter der Hinterachse sorgten Portalantriebe. Zum Anhalten dienten Hinterrad-Innenbackenbremsen mit geteiltem Pedal zur Einzelradbremsung und eine im Getriebe befindliche Bandbremse mit Handhebel. Die Naben der Hinterräder saßen verschiebbar auf Wellen mit Keilprofil und ermöglichten so eine Spurweitenverstellung. Distanzringe und Kronenmuttern sorgten für die Fixierung.

Die Spurweitenverstellung der pendelnd aufgehängten Vorderachse funktionierte folgendermaßen: Der Zapfen des Achsschenkels, auf dem die Radnabe saß, war so lang bemessen, dass man selbige um 17,5 cm darauf verschieben konnte. Wiederum übernahmen Distanzringe und Kronenmuttern die Fixierung. Die Radlagerung erfolgte in Buchsen und nicht in Wälzlagern.

Der Geräteanbau erfolgte durch einfaches Anbolzen an den Holm sowie heckseitig an eine in einem Lochraster höhenverstellbare Anhängeschiene. Über eine Hydraulikanlage verfügte der RS 08 nicht, sodass die Aushebung der Anbaugeräte per Muskelkraft erfolgte.

Über 40 verschiedene Maschinen und Geräte konnten mit dem RS 08 betrieben werden, auch in Kombination untereinander, wie z.B. ein von der vorderen Wegezapfwelle angetriebener Düngerstreuer vor der Vorderachse und ein Hack- oder Häufelgerät zwischen den Achsen, beides am Holm angebolzt. Es gab auch ein Aufladegerät für Rübenblatt u.Ä., an dem vorne die Vorderachse und hinten der Motor-Getriebeblock des Traktors angebaut wurden.

Von 1952 bis 1956 wurden 5.751 Geräteträger RS 08 gebaut.

Wie alle Neuheiten hatte auch der RS 08 mit etlichen technischen Unzulänglichkeiten zu kämpfen. Sein größtes Problem war – wie beim Lanz-Alldog – der Motor. Seine ungestümen Trinksitten waren

Ein Original-DDR-Prospekt – so selten wie der Geräteträger selbst. Es zeigt die unterschiedlichen Verwendungsmöglichkeiten des Geräteträgers .

für viele Traktoristen der Anlass, den RS 08 mit einer Halterung für einen 20-Liter-Kanister auszurüsten. Die mangelhafte Luftfilterung bereitete anfangs viel Ärger, und auch ein Ölbadluftfilter mit Zyklon schaffte es nicht, dem Motor zu akzeptablen Standzeiten zu verhelfen. Hinzu kamen noch thermische Probleme.

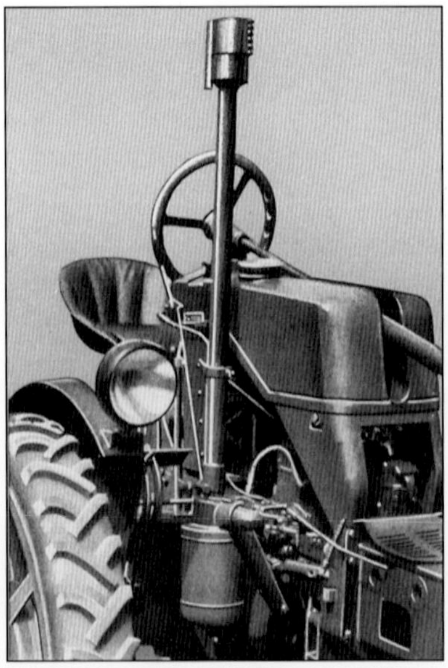

Ölbadfilter mit Zyklon.

Mitunter litten zudem einige der Zahnräder im Getriebe sehr oft an Zahnausfall. Die Vorderachse mit ihren Buchsen-Radlagern wurde durch eine Teleskopachse mit Kegel-Rollenlagern ersetzt. Auch das Schaltschema des Getriebes

Geschwindigkeiten von 1,8 bis 15,3 km/h

Gruppe I	1.	2.	3.	4. Gang	(vor- und
	1,6	3,2	4,4	5,8 km/h	rückwärts)
Gruppe II	1.	2.	3.	4. Gang	(vor- und
	3,9	7,8	11,2	15,3 km/h	rückwärts)

sorgte vielfach für Verwirrung, sodass ein separater Schalthebel für das Wendegetriebe eingebaut wurde. Dann wurde die fehlende Hydraulikanlage nicht selten vermisst. Diese Mängel stellten den Erfolg des Geräteträger-Prinzips aber nicht in Frage, sodass mit Hochdruck am Nachfolgemodell, dem RS 08 Maulwurf, gearbeitet wurde. Doch das ist eine andere Geschichte. ■

Geschichte in Stichworten:

Was war 1978 aktuell?

Zusammengetragen von Michael Karle

Liebe Leser, hier finden Sie landtechnische Ereignisse, Jubiläen und technische Neuheiten, die es wert sind, wieder ins Gedächtnis gerufen zu werden. Diesmal für Sie ausgewählt: das Jahr 1978.

Vor dreißig Jahren ...

...wurden ab 1. Januar die **Leistungsangaben von Verbrennungs- und Elektromotoren** nicht mehr in Pferdestärken (PS) sondern in Kilowatt (kW) ausgedrückt. Eine Pferdestärke entspricht 0,73549 kW, 1 kW 1,3596 PS. Auch andere altbekannte Messeinheiten verloren an diesem Stichtag ihre gesetzlich geschützte Gültigkeit, so wurde zum Beispiel die Hubkraft einer Schlepperhydraulik nicht mehr in Kilopond kp sondern in Newton (N) angegeben. Ein (kp) hat 10 Newton. Als weiteres Beispiel aus der Praxis wurde beim Bodendruck, den zum Beispiel ein Schlepperreifen im Acker ausübt, die Maßeinheit kg/m^2 durch N/m^2 ersetzt.

... wurde von **Sperry New Holland** der neue Mähdrescher 8070 auf den Markt gebracht. Er konnte wahlweise mit Schneidwerken bis zu 6,70 m Breite oder mit einem Maisvorsatz ausgerüstet werden, um bis zu sechs Reihen zu ernten. Der Korntank fasste 5.280 Liter. Angetrieben wurde die Maschine von einem 140 PS starken Mercedes-Benz-Dieselmotor. Eine Vollsichtkabine mit einem höchsten Geräuschpegel von 84 dB (A) stand zur Verfügung.

New Holland 8070

… bot **Fendt** die Geräteträger vom Typ 255 und 275 mit einem um 60 cm verkürzten Rahmen speziell für den Futterbaubetrieb an. Die kürzere Bauform ermöglichte der Maschine eine größere Wendigkeit, zu der sich dank der tiefen Schwerpunktlage auch eine höhere Hangsicherheit gesellte. Der vordere Anbauraum erlaubte das gleichzeitige Mähen und Laden des Erntegutes, alternativ konnte beim Mähen mit zwei Mähwerken gearbeitet werden.

Welger RF 182

GT 275

JD 1030

… rüstete **John Deere** seine Traktoren ab dem 46 PS starken Modell 1030 mit einem Last-Schalt-Getriebe aus. Mit diesem Getriebe konnte man die Geschwindigkeit ohne zu kuppeln mindern, die Zugkraft aber um bis zu 30 Prozent steigern.

… lief bei der **David Brown** Company der 500.000. Schlepper vom Band. Bereits 1939 hatte die Firma die Schlepperproduktion aufgenommen, zunächst mit einem 35-PS-Traktor. Der Jubiläumsschlepper war ein DB 1412 mit 91-PS-Turbolader-Dieselmotor. David Brown gehört seit 1972 zum amerikanischen Case-Konzern.
80 % der Produktion gingen in den Export.

… feierte man in Marktoberdorf **50 Jahre Fendt-Agrartechnik.** 1928 koppelte der Mechanikermeister und Landwirt Johann Georg Fendt zusammen mit Sohn Hermann einen Grasmäher mit einem Benzinmotor. Das war der erste motorisierte Grasmäher. Er leistete 4 PS. Ein Jahr später fertigte Hermann Fendt den ersten deutschen Diesel-Kleinschlepper mit Mähwerk und Anbaupflug, der als Dieselroß in die Geschichte einging. Mit einer Jahr um Jahr steigenden Schlepperproduktion entwickelte sich der kleine Handwerksbetrieb zu einer weltbekannten Unternehmensgruppe. Im Jubiläumsjahr wurde das Unternehmen von den Brüdern Hermann, Xaver und Paul geleitet und beschäftigte rund 4.000 Mitarbeiter. Fendt hatte in dieser Zeit über eine Viertelmillion Schlepper produziert und belegte mit einem Anteil von knapp 18 % den zweiten Platz der deutschen Zulassungsstatistik. Neben dem Inlandsmarkt konnte Fendt seine Position auch im Exportgeschäft festigen. Neben dem Kerngeschäft Traktoren produzierte Fendt noch Kommunalfahrzeuge, Baumaschinen, Gabelstapler und Wohnwagen sowie Gelenkspindelbohrmaschinen und Drehautomaten.

… stellte die Firma **Welger** in Wolfenbüttel ihr neues Rundballen-Auflösegerät RF 182 vor. Mit diesem Gerät, das an die Ackerschiene angebaut und über die Schlepperhydraulik angetrieben wurde, konnten Rundballen abgewickelt und bei langsamer Vorwärtsfahrt im lockeren Längsschwad abgelegt werden. Die Variante RF 184 ermöglichte die stationäre Benutzung, die zur Beschickung von Häckslern oder Förderbändern benötigt wurde.

1928

John Deere 952

Deutz DX

… bot **John Deere** einen neuen Mittelklasse-Mähdrescher als Typ 952 an. Die Maschine, die mit einem 85-PS-Dieselmotor ausgerüstet und mit Schneidwerken zwischen 2,65 m und 4,35 m lieferbar war, war für landwirtschaftliche Mittelbetriebe oder für kleinere Lohnunternehmen konzipiert. Der Hangmähdrescher 965 H erfuhr nach der ersten Erntesaison im Abschneide- und Schüttlerbereich erhebliche Verbesserungen.

… meldete **Deutz-Fahr** einen neuen Fertigungsrekord: Nach ungefähr 10 Jahren Produktionszeit lief in Gottmadingen der 100.000. Fahr-Kreiselschwader vom Band. Die Jubiläumsmaschine war ein KS 80 D. Bereits im Herbst stand ein weiteres Jubiläum an: Diesmal war es der 200.000. Kreiselmäher, der wiederum das Werk Gottmadingen verlassen konnte. Mit der Fertigung von Kreiselmähern hatte Fahr bereits 1966 begonnen und damals ein neues Zeitalter in der Mähwerktechnik eingeläutet.

… stellte **Fiat** die neuen Schleppermodelle 580 mit 58 PS und 680 mit 68 PS vor. Beide Maschinen waren mit wassergekühlten Fiat-Dieselmotoren ausgestattet. Das Getriebe hatte 12 Vorwärtsgänge, auf Wunsch mit vier zusätzlichen Kriechgängen, und eine Zapfwelle mit 540 U/min und 1000 U/min. Auf Wunsch konnte eine Kabine geliefert werden, die einen Komfort aufwies, wie man ihn sich wünschen nur konnte: Sicherheitsverglasung, ausstellbare Front- und Heckscheibe, seitliche Schiebefenster, Stufen-Frischluftgebläse und Heizung. Die auf vier Silentblöcken gelagerte Plattform gehörte zur Grundausstattung beider Schleppertypen. Zur Sicherheit des Fahrers gab es hydrostatische Scheibenbremsen mit Bremsausgleichsventil und eine hydrostatische Lenkung. Beide Maschinen waren selbstverständlich auch in Allradausführung zu haben.

… setzte **Klöckner-Humboldt-Deutz** große Hoffnungen auf seine neue DX-Schlepperserie, die der Fachpresse erstmals in Straßburg vorgestellt wurde. Sie deckte den Leistungsbereich zwischen 80 und 150 PS (59 bis 110 kW) ab. Diese neue Serie bestand zunächst aus fünf Modellen. Der DX 85 und der DX 90 waren mit Fünfzylinder-Motoren ausgestattet, die 80 PS bzw. 88 PS leisteten. Die drei größeren Maschinen dagegen verfügten über Sechszylindermotoren mit 102 PS und 125 PS, der leistungsstärkste Typ DX 160 leistete sogar stolze 150 PS.

Je nach Getriebeausstattung boten die Traktoren DX 85 bis DX 110 12 bis 20 Vorwärtsgänge und vier bzw. fünf Rückwärtsgänge, während es die Modelle DX 140 und DX 160 mittels Lastschaltgetriebe und Kriechganggruppe auf 36 Vorwärts- und 12 Rückwärtsgänge bringen konnten. Zur serienmäßigen Ausstattung gehörte eine integrierte Kabine, die mit Frischluftgebläse und Heizsystem für ein angenehmes Innenklima sorgte. Eine Klimaanlage war auf Wunsch lieferbar.

Fiat 680

Claas Dominator 85 H

Renault 981-4

… brachte **Renault** gleich mehrere neue Schleppertypen auf den Markt. Es waren die Typen R 781 mit 78 PS, R 851 mit 85 PS, R 921 mit 92 PS, der 98 PS starke R 981 und der R 1181-4 mit 118 PS, der nur in Allradausführung geliefert wurde, während die übrigen Maschinen wahlweise auch als Hinterradversion geliefert wurden. Der R 781 und R 851 waren mit MWM-Vierzylinder-Dieselmotoren ausgestattet, während die größeren Maschinen Sechszylinder-Diesel desselben Herstellers aufwiesen. Alle hatten vollsynchronisierte Getriebe mit 12 Vorwärts- und 12 Rückwärtsgängen, auf Wunsch war auch eine 16-Gang-Getriebeausführung lieferbar. Als weitere Neuheiten gab es zwei neue Schmalspurschlepper, den R 460 S mit 48 PS und den R 480 S mit 56 PS. Renault war mittlerweile in Rosbach bei Friedberg in Hessen stationiert und erinnerte daran, dass sie mittlerweile 15 Jahre in Deutschland tätig waren.

… hatte die Firma **Claas** in Harsewinkel ihr Mähdrescherprogramm um den Dominator 85 H erweitert. Dabei handelte es sich um einen so genannten Hangmähdrescher, der mit einem hydraulisch gesteuerten, automatisch arbeitenden Neigungsausgleich ausgestattet war. Der Maschinenkörper wurde in Schichtlinie bis zu 40 Prozent, bergauf bis zu 20 Prozent und bergab bis 10 Prozent in der Waagerechten gehalten, während sich das Schneid- und Fahrwerk den verschiedenen Geländeneigungen anpasste.

… wurde die im württembergischen Aulendorf beheimatete Schlepperfirma **Hermann Lanz** zu 91 % von der IBH Holding AG, Mainz, übernommen. Die restlichen neun Prozent verblieben im Besitz der Familie Lanz. Als Geschäftsführer fungierte der bisherige Firmeninhaber Anton Lanz. Neben den bekannten HELA-Schleppern wurden auch Friedhofsbagger, Mehrzwecklader und Getriebe hergestellt.

… war die Großballenpresse GP 700 neu im Programm von **Deutz-Fahr.** Die von der Presse produzierten Ballen hatten einen Durchmesser von 1,80 m und eine Breite von 1,50 m. Die Ballengewichte betrugen bei Heu 500 bis 800 kg, bei Stroh 300 bis 500 kg. Die Arbeitsleistung lag bei 10 bis 20 Stück je Stunde.

… verließ der 400.000. **IH-Schlepper** die Fertigungsstätte Neuss bei Düsseldorf. Es war ein 100-PS-Traktor mit Allradantrieb und Komfortkabine. Bereits seit 1937 wurden im Werk Neuss Schlepper produziert, doch der Landmaschinenbau war schon 30 Jahre früher dort ansässig. Die ersten Schlepper aus Neuss hatten 18 und 20 PS. Glanzlichter war neben dem 25 PS DF die D-Serie, die IHC richtig ins deutsche Schleppergeschäft brachte. Im Jubiläumsjahr gehörte IHC mit zur Spitze bei den Schlepperzulassungen in Deutschland, hatte aber auch in der EG eine führende Position.

… feierte die Landmaschinenfabrik **Biso,** Bitter und Sohn, in St. Annen-Melle ihr 100-jähriges Jubiläum. Die im Jahre 1878 gegründete Firma produzierte anfänglich Jauchefäs-

Deutz-Fahr GP 700

ser und Jauchepumpen. In den 1930er Jahren kamen Kartoffeldämpferanlagen und Fördergebläse dazu. Ab 1949 baute Biso Schneideinleger für Dreschmaschinen. Nach Ende der Dreschmaschinenzeit konzentrierte man sich auf Anbauhäcksler für alle Mähdreschertypen, Strohbund- und Ballenhäcksler, Fördergebläse, Körnergebläse und vieles mehr.

… fand die DLG-Ausstellung vom 28. April bis 4. Mai in Frankfurt am Main statt.

… zeigte die Firma **Fritzmeier** erstmals ihre neue Europa-Kabine der Öffentlichkeit. Sie hatte festmontierte Seitenwandeinheiten mit eingebauten Türen, die durch Gasdruckdämpfer gebremst wurden, um ein ungewolltes Zuschlagen zu verhindern. Die Scheiben waren aus blendfreiem Sicherheitsglas hergestellt.

… erweiterte **Claas** sein Maschinen-Programm für die Futterernte. So war das Dreitrommel-Mähwerk WM 25 mit einer Arbeitsbreite von 2,10 m neu hinzugekommen. 5,40 m Arbeitsbreite wies der neue Wirbelwender WA 540 auf. Dieser Kreiselheuer arbeitete mit vier Großkreiseln und wurde mit Dreipunkt-Anbaubock ausgeliefert. Die beiden Außenkreisel ließen sich in halbgeschwenkter Stellung arretieren, so war das Räumen von Feldrändern und Grabenkanten möglich. Unter der Typenbezeichnung W 540 war der Wender auch als Anhängemaschine lieferbar. Ebenfalls neu war der Kreiselschwader WSDS 370 mit 3,70 m Arbeitsbreite, der für den Anbau an die Dreipunkt-Aufnahme geliefert wurde.

… brachte die Firma **Dieteg** mit der Compact 50 eine neue Schlepperkabine auf den Markt. Sie war mit komfortablen Türen, einem serienmäßig schallgedämmten Polyester-Dach und großzügiger Verglasung ausgerüstet. Durch eine ausstellbare Frontscheibe und seitliche Schiebefenster war eine optimale Durchlüftung der Kabine garantiert.

… stellte **John Deere** mit dem Schlepper 3030 ein Kraftpaket mit Sechszylindermotor vor, der 86 PS (63 kW) leistete. Neben dem Last-Schalt-Getriebe gehörten auch die

1978 sah die Zulassungsstatistik für Ackerschlepper in der Bundesrepublik wie folgt aus:

Reihenfolge	Fabrikat	Verkaufte Stückzahlen	Marktanteil in %
1	IHC	12.117	20,6 %
2	Fendt	10.456	17,8 %
3	Deutz	9.651	16,4 %
4	John Deere	4.761	8,1 %
5	Massey-Ferguson	4.342	7,4 %
6	Daimler	3.387	5,8 %
7	Eicher	2.323	4,0 %
8	Renault	1.994	3,4 %
9	Fiat	1.812	3,1 %
10	Ford	1.096	1,9 %
11	Holder	905	1,5 %
12	Same	890	1,5 %
13	Gutbrod	727	1,2 %
14	Schlüter	624	1,1 %
15	Steyr	608	1,0 %
16	Zetor	605	1,0 %
17	Hako	426	0,7 %
18	Krieger	370	0,6 %
19	Brown	310	0,5 %
20	sonstige	1.384	2,4 %

John Deere 3030

unter Last schaltbare Differenzialsperre und das geschlossene Hydrauliksystem zur Serienausstattung.

... brachte die Firma **Reck-Maschinenbau** in Betzweiler einen Frontmittenschwader auf den Markt, der im Prinzip aus zwei Sternradschwadern bestand. Dieser war so an der Front des Schleppers angebracht, dass das Erntegut vor den Vorderrädern zu einem Schwaden zusammengefasst wurde, der zwischen den Rädern zu liegen kam und vom einem hinter dem Schlepper angehängten Ladewagen oder einer Presse aufgenommen werden konnte.

... baute **John Deere** speziell für Baumschulen und Sonderkulturen die beiden Traktoren 1630 Multicrop und 2030 Multicrop. Beide Maschinen hatten unter dem Getriebegehäuse eine Bodenfreiheit von 70 cm, was die Schlepper für Spritz- und Pflegearbeiten geradezu ideal machte.

... trennte sich die Firma **Hermann Lanz** in Aulendorf vom Vertrieb der UTB- und Schilter-Schlepper, die sie neben dem eigenen Schlepper-Programm vertrieben hatte. UTB-Schlepper waren in Rumänien gebaute Fiat-Lizenzen aus den Uzina-Werken. Die Schilter-Traktoren dagegen kamen aus der Schweiz. Die Ersatzteilversorgung wurde weiter beibehalten.

... jährte sich am 16. Juni die Gründung der Firma **Ford** Motor Co. zum 75. Mal. In diesem Zeitraum baute Ford neben 116 Millionen Pkw und 30 Millionen Lkw auch 4,5 Millionen Traktoren. Etwa 300 Montagewerke, Entwicklungszentren, Niederlassungen und Verkaufsstellen boten in mehr als 30 Ländern etwa 500.000 Menschen einen Arbeitsplatz.

... übernahm **Fiat** die letzten 20 % der italienischen Schlepperfirma Agrifull. Das Schlepperprogramm beider Firmen sollte zunächst unverändert fortgeführt werden, mittelfristig jedoch sollte sich Agrifull auf Raupen-, Obstbau- und Plantagenschlepper spezialisieren. Daneben wagte Fiat auch den Sprung über den großen Teich und übernahm über 50 % der Geschäftsanteile des US-Konzerns Hesston. Obwohl die Maschinen von Hesston in Europa noch gesondert vertrieben wurden, sah die Fachwelt erste Vorzeichen, dass Hesston in den Fiat-Konzern eingegliedert werden würde.

Und was war 1978 in der DDR aktuell?

Von Peter Klotz

Liebe Leser:

von Michael Karle sind Sie es gewohnt, in jeder Ausgabe der Jahrbücher über Ereignisse, Neuheiten und Jubiläen der Landtechnik aus der Bundesrepublik informiert zu werden. Ich möchte Sie nun über die landtechnischen Ereignisse aus der ehemaligen DDR informieren. Davor aber gestatten Sie mir einige Anmerkungen zu den Gegebenheiten jener Zeit.

Fast die gesamte landwirtschaftliche Nutzfläche der DDR wurde von Landwirtschaftlichen Produktionsgenossenschaften (LPG) und Volkseigenen Gütern (VEG) bewirtschaftet. Auf staatliches Drängen hin wurden die pflanzenbaulichen Betriebsteile der LPGs zu noch größeren Betrieben zusammengeschlossen. So gehörten die 1.200 ha der LPG meines

Mähdrescher E 516

Heimatdorfes 1978 mit zur LPG Pflanzenproduktion Flämingsrand Zahna mit über 8.000 ha Nutzfläche. Auf Grund der daraus resultierenden gewaltigen Umschlagmengen und Transportwege spielten Lkw und Kräne in der DDR-Landwirtschaft eine große Rolle.

Die Landmaschinenindustrie bestand aus einem einzigen Konzern, dem Kombinat Fortschritt Landmaschinen. Für den Handel mit landwirtschaftlichen Maschinen und Geräten aus der DDR-Produktion sowie mit Importen war ausschließlich das Handelskombinat Agrotechnik als Betriebsteil von Fortschritt zuständig. Reparaturen, die von LPG- und VEG-Werkstätten nicht ausgeführt werden konnten, erledigten die Kreisbetriebe für Landtechnik (KfL).

Im Handelssortiment der Firma Agrotechnik befanden sich 1978 insgesamt nur sechs Traktorentypen von 14 bis 215 PS, zwei Zweiseiten-Kippanhänger mit 6 und 8 Tonnen Nutzlast, drei Pflüge mit 5, 6 und 8 Scharen, zwei Mähdrescher, ein selbstfahrender Häcksler und so weiter. Die LPGs und VEGs mussten ihren Bedarf ein Jahr vorher anmelden, die Preise waren nicht verhandelbar.

MTS-Traktor

Das war bei uns aktuell: Im Jahre 1978 ...

... lief im Betrieb Singwitz des Fortschritt-Kombinates der erste Mähdrescher des Typs E 516 vom Band. Er hatte eine 1.625 mm breite Dreschtrommel mit 800 mm Durchmesser, fünf Schüttler, ein Schneidwerk – wahlweise mit 6,70 oder 7,60 m Arbeitsbreite – und einen Korntank von 4,5 m³. Angetrieben wurde er von einem V-8-Dieselmotor mit 220 PS und einem hydrostatischen Fahrantrieb.

LKW, LA/Z 2 SK5 ND Anhänger HW 80.11

... wurde der Lkw W 50 aus Ludwigsfelde in großer Anzahl in der Landwirtschaft eingesetzt. Hier ein allradangetriebener vom Typ LA/Z 2 SK 5- ND mit Anhänger HW 80.11 beim Zuckerrübentransport, beladen von einem Kran T 174 aus Weimar. Das Gespann brachte es bei einer Gesamtmasse von max. 22,5 t auf eine Nutzmasse von 12,8 t. Die Kipppritsche konnte gegen einen 16 m3 fassenden Häckselaufbau, einen Düngerstreuer oder eine Pflanzenschutz-Spritze ausgetauscht werden. Der 125-PS-Motor hatte bei voller Auslastung alle vier Kolben voll zu tun, die maximal 75 km/h zu erreichen. Der Lkw kostete damals 45.300 DDR-Mark.

... wurde der 45.000 Traktor der MTS-Reihe aus den Minsker Traktorenwerken in die DDR importiert. Es handelte sich um einen 80 PS starken MTS 80, hier mit einem dreireihigem Kartoffelroder E 684 aus Weimar.

... brachte das Traktorenwerk Schönebeck die verbesserten Versionen der hinterradgetriebenen Traktoren ZT 300 und der Allradtraktoren ZT 303 auf den Markt, kenntlich gemacht durch ein C hinter der Typenbezeichnung und blauer statt roter Farbe auf der Haube und den Kotflügeln. Die Leistung betrug nunmehr 100 PS statt der bisherigen 93 PS, und der ZT 300-C war mit einer vollhydraulischen Lenkung ausgestattet. Die Allradschlepper hingegen verfügten schon einige Jahre über eine derartige Lenkung. Von den ab 1967 produzierten ZT waren in der DDR 1978 ca. 25.000 Stück im Einsatz. ■

Hochdruckreinigerspezialist baute den

Kärcher-Ackerwagen

Von Kurt Häfner

Unbestritten darf sich ein Erfinder und Tüftler mit unseren bedeutenden Erfindern aus dem süddeutschen Raum in eine Reihe stellen: Alfred Kärcher. Bereits 1935 hatte er sein eigenes Unternehmen – zunächst ein Ingenieurbüro in Stuttgart, Bad Cannstatt, gegründet. Seine Bekanntheit jedoch beschränkte sich mehr auf die Fachwelt, dem Menschen auf der Straße blieb sein Name während seiner Lebenszeit weitgehend unbekannt.

Der Grund war einfach, denn die Erzeugnisse aus der Kärcher'schen Fabrik waren keine Fortbewegungsmittel wie Autos oder Schlepper, mit denen bereits unsere Kinder im Vorschulalter vertraut sind. Nein, seine Produkte waren mehr in den Werkstätten und Fabriken zu finden, wo diese Fahrzeuge und selbst Flugzeuge gewartet und für den Einsatz hergerichtet oder einfach nur für den Fahrgast bequem gemacht wurden.

Beispielsweise baute er bereits Anfang der vierziger Jahre Heizgeräte zum Anwärmen von Flugzeugmotoren, damit diese besonders in der kalten Jahreszeit überhaupt gestartet werden konn-

Erster europäischer Hochdruckreiniger, damals noch Kochendwasser-Reiniger genannt, 1950 von Alfred Kärcher entwickelt. Daneben ein Warmwasser-Hochdruckreiniger aus heutiger Produktion. Hier wird modernste Technik geboten.

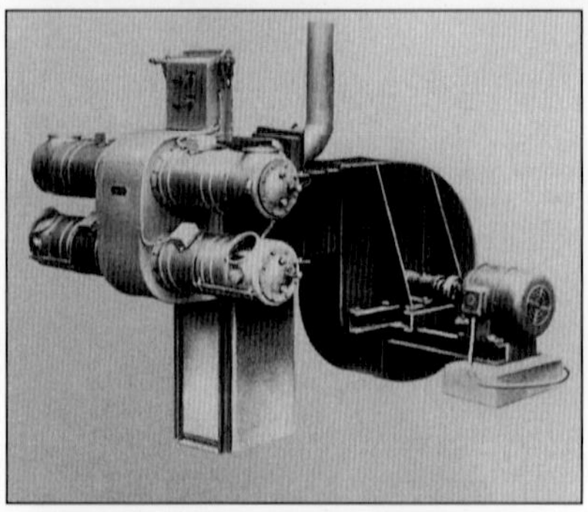

ten. Das Patent dazu konnte er bereits 1939 anmelden. Heizgeräte gab es auch zum Erwärmen der Innenräume damaliger Passagierkabinen, damit das Fliegen für den Gast angenehmer wurde.

Fertigungsschwerpunkt lag bei den Heizgeräten

Überhaupt lag der Schwerpunkt der Fertigung in dieser Zeit bei den Heizgeräten, die in großer Auswahl angeboten wurden. So gab es beispielsweise die stationär montierten Anlagen für eine Festinstallation in Gebäuden oder die auf Rädern montierten Heizgeräte, die ähnlich wie ein Anhänger an den jeweiligen Einsatzort gezogen werden konnten. Die dritte Variante waren so genannte Modulgeräte.

Alfred Kärcher *1901 † 1959

Eine Auswahl aus dem Heizgeräte-Programm der vierziger Jahre: Flugzeugmotore werden für den Start vorgewärmt.

Eine stationäre Heizanlage, darunter ein Heizgerät als Anhänger konzipiert, jeweils mit Heizleistungen von 200 000 kal/h.

Heizgeräte speziell für die Lufthansa.

Geräte, die in einem Rahmen auf Kufen montiert waren.
Bei all diesen Heizgeräten konnten Leistungen von 20.000 bis 200.000 kal/h gewählt werden.
Zur selben Zeit recht erfolgreich war er auch beim Bau von Salzbad-Öfen für Galvanikbetriebe mit bis zu 11 Meter langen Wannen, die ebenfalls patentiert und als Gebrauchsmuster geschützt waren.
Ein drittes Standbein waren Fahrzeug-Anhänger, deren Palette vom

Ein drittes Standbein: der Fahrzeugbau

einfachen Handkarren über den Pkw-Anhänger und dem Ackerwagen der Landwirtschaft bis hin zum Lkw-Anhänger reichte. Abgerundet wurde dieser Produktbereich mit Fahrgestellen, die mit unterschiedlichen Sonderaufbauten bestückt werden konnten. Beispielsweise war hier ein spezieller Bienen-Wanderwagen für den Imker im Angebot.
Um diese Produkte überhaupt fertigen zu können, erfolgte bereits 1939 ein Umzug in das nur wenige Kilometer entfernte Winnenden, wo Alfred Kärcher eine leer stehende Arzneimittelfabrik erwerben konnte. Hier fanden innerhalb weniger Monate etwa 120 Mitarbeiter ihren Arbeitsplatz.
Auch in den Jahren 1944/45, der Zeit der holzgasgetriebenen Fahrzeuge, mischte Alfred Kärcher mit. Hierzu fertigte er spezielle Anwärmgeräte, damit diese Fahrzeuge schnell und sicher in Betrieb genommen werden konnten.

Nachkriegswirren

Recht schwer waren die Monate in den Wirren nach Kriegsende. Einerseits wollten die verbliebenen wie auch die aus dem Krieg zurückkehrenden Mitarbeiter beschäftigt werden, die Reichsmark dagegen hatte ihren Wert verloren, und zu kaufen gab es in dieser Zeit kaum etwas. Tauschgeschäfte waren angesagt.
Doch ein zweites Mal konnte sich der tüftelige Ingenieur und Erfinder beweisen, indem er sich auf die Dinge konzentrierte, die die Menschen in dieser Zeit am meisten brauchten. Also baute er Öfen,

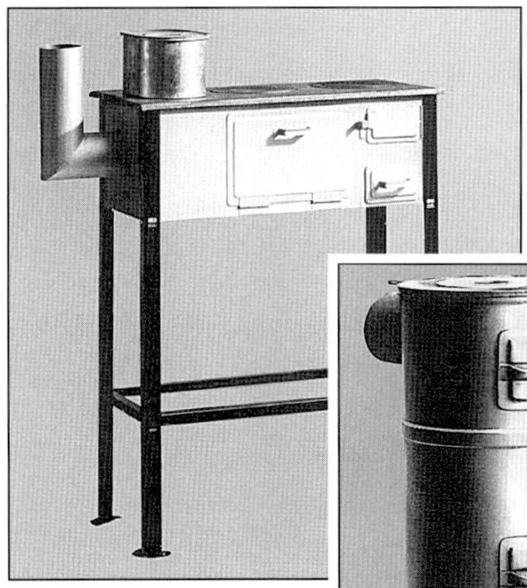
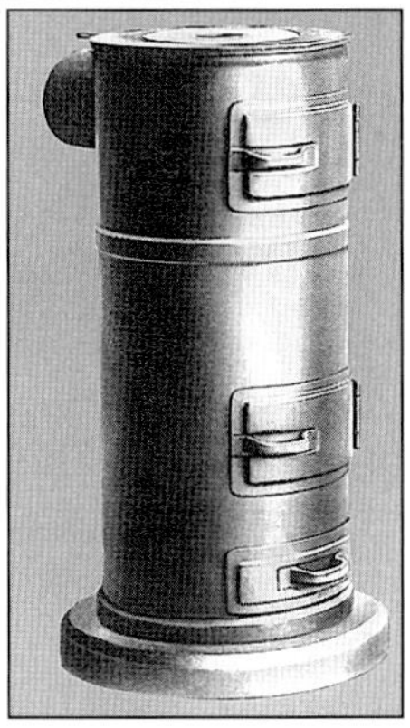

Ein Kleinherd und ein Rundofen für die Heimatvertriebenen, gefertigt von 1945 bis 1951.

denn bis zum nächsten Winter waren es nur noch wenige Monate. Kleine Rundöfen, Ofenkocher und Kleinherde – im Volksmund auch Flüchtlingsöfen genannt – für kleine Wohnungen oder einzelne Zimmer und daneben die leistungsstarken Heißluftgebläse mit bis zu

Bereits 1952: Heizung für den Käfer

60.000 kal/h für den Bau, für Handwerker und Fabrikhallen, denn auch hier wurde gewerkelt und neu aufgebaut.
Daneben wurden Fahrzeugheizungen entwickelt, beispielsweise für den VW-Käfer, der ja mit seinem luftgekühlten Boxer-Motor ein starkes Manko in Sachen Heizung aufwies. Aber auch mit dem Beheizen von Omnibusinnenräumen leistete der schwäbische Erfinder Pionierarbeit.

Bereits 1952 entwickelt: eine Zusatzheizung für den VW-Käfer.

Hier eine Auswahl aus dem Fahrzeugbau der vierziger Jahre: Ein Bienenwagen für den Wanderimker, ein Pkw-Anhänger mit Planenaufbau und ein Anhänger-Fahrgestell.

Heute nicht mehr vorstellbar: Ein Lkw-Anhänger fertiggestellt direkt nach Kriegsende. Für das Foto auf der Sichtseite mit zwei neuen Reifen bestückt, doch auf der anderen musste improvisiert werden, und beim Ersatzrad stand nur noch die Felge zur Verfügung.

Im Jahr 1950 entwickelte Alfred Kärcher erstmals einen Dampfstrahlreiniger, der als Kochendwasser-Reiniger KW 350 in die Werksgeschichte einging. Eine europäische Neuheit, die nur ein Jahr später auf der Hannover-Messe als der Dampfstrahlreiniger DS 350 der Öffentlichkeit vorgestellt werden konnte. Hier nahm ein derart beeindruckendes Ereignis seinen Anfang, das sich bis in die heutige Zeit in den Köpfen der Menschen festgehalten hat. Fragt man heute den Menschen auf der Straße nach Kärcher, so kennt er

Ein Kaltwasser-Hochdruckreiniger modernster Bauart: Formschön, kompakt, übersichtlich, und alles griffbereit.

nicht den Hochdruck-Reiniger, nein, es kommt noch immer häufig der Tenor: Kärcher baut Dampfstrahler oder Kärcher baut Dampfstrahlreiniger.
Seit dieser Zeit verlagerte Kärcher sein Betätigungsfeld systematisch zum Bau von Hochdruckreinigern in allen Facetten, sodass er sich heute der Welt größter Hersteller von Hochdruckreinigern nennen darf und der Firmenname sich allmählich zum Gattungsname für diese Geräte entwickelt. So spricht man beispielsweise im französischen von einem Kärcher, wenn man einen Hochdruckreiniger meint.
Die Fertigung der Heizgeräte hingegen entwickelte sich in entgegengesetzte Richtung, die Typenvielfalt wurde nach und nach ausgedünnt, bis 1978 die letzten Geräte verkauft wurden. Die Fertigung wurde eingestellt.

Kärcher-Fahrzeugbau

Besonders interessant für uns Insider aber ist der Bau der Anhänger und hier wiederum der landwirtschaftlichen Ackerwagen, die jedoch in der Werksgeschichte insgesamt keine allzu große Bedeutung erlangten. Sie wurden in der schlechten Zeit nach dem Krieg weitergebaut und teilweise bis in die Mitte der fünfziger Jahre angeboten.
Hier gab es innerhalb der Firma den Kärcher-Fahrzeugbau mit einer zum Schluss nahezu 15-jährigen Erfahrung; die Anhänger selbst wurden mit gehobenem Niveau gefertigt.
Aus dem mehrere Typen umfassenden Programm sei hier als Beispiel der Dreitonnen-Zweiachsanhänger A 3 genannt, der über eine Ladefläche von 2 x 3,5 Metern und 50 cm hohe Seitenschläge verfügte. Mit einer Bereifung der Größe 7,50 – 20 und stabil ausgelegten Achsen konnte die Last problemlos aufgenommen werden. Zusätzlich gab es noch ein Reserverad, das leicht zugänglich unter der Ladepritsche verankert war. Die Räder selbst waren an einer Parallel-

Mit einem 20 PS starken Lanz Bulldog zum praktischen Einsatz.

Eine Drehzapfenlenkung und die Drehstabfederung waren es, die diesen landwirtschaftlichen Anhänger auszeichneten.

Daneben ein Lkw-Anhänger mit Planenaufbau.

Mechanik einzeln aufgehängt und über Drehstäbe gefedert. Als Bremse standen eine Feststellbremse und eine mechanische Auflaufbremse zur Verfügung, die auf die Vorderräder wirkte. Zusätzlich gab es eine auf die Hinterräder wirkende Spindelbremse. Besonders interessant war die Lenkung, die als Drehzapfenlenkung konzipiert war und den Hänger überaus wendig und rangierfähig machte. Als zusätzlichen Beweis für die solide Technik und die stabile Bauweise darf das Eigengewicht von

Dreitonner A4 für Schlepper und Pferde

über 1,3 t genannt werden, das er auf die Waage brachte. Ein Anhänger, der gleichermaßen hinter einem Lkw oder in der Landwirtschaft hinter einem kräftigen Schlepper sein Einsatzgebiet fand. Daneben gab es aber auch den leichteren und vorwiegend für die Landwirtschaft konzipierten Dreitonnen-Anhänger A 4 mit einer 1,8 x 4 m großen Ladepritsche und 40 cm hohen Bordwänden. Hier lag das Eigengewicht bei „nur“ 860 kg, denn dieser Wagen eignete sich gleichwohl für den Pferdeeinsatz. Mit wenigen Handgriffen ließ sich die Fahrzeugdeichsel gegen eine Gespanndeichsel austauschen.

Bereift war der Hänger mit einer speziellen Acker-Straßenbereifung der Größe 170-20 AW, und selbstverständlich gab es auch hier ein Ersatzrad. Die Räder waren einzeln aufgehängt und mit einer Spezial-Gummifederung versehen. In der Werbung begründete Alfred Kärcher die Vorteile dieser Konstruktion damit, dass der Wagen so wendig ist, als hätte er einen Drehschemel, und gleichzeitig so standhaft, wie ein Wagen mit einer Achsschenkellenkung.

Neben der auf die Vorderräder wirkenden Auflaufbremse gab es zusätzlich eine vom Schlepper aus bequem greifbare Feststellbremse, die bei Bedarf auch während der Fahrt betätigt werden konnte. Darüber hinaus gab es noch eine auf alle vier Räder wirkende Feststellbremse, die am Vorderschlag so montiert war, dass der Fahrer beim Auf- oder Absteigen des Schleppers immer am Bremshebel vorbeikam.

Das besondere Highlight aber war die Vierradlenkung, sodass Vorder- und Hinterräder immer in derselben Spur liefen.

Ein besonderes Anliegen von Alfred Kärcher war es zu wissen, dass seine Anhänger praxisgerecht konzipiert und im Alltag zu gebrauchen waren. Dazu pflegte er enge Kontakte zu in der Nähe liegenden landwirtschaftlichen Betrieben. Hier wurde er immer mit den neuesten Kenntnissen betraut, um sie in seine Konstruktionen einfließen zu lassen. Gerne erinnern sich noch einige Landwirte an die Zeit ihrer Kindheit, als Alfred Kärcher auf dem Hof war, als er sich zum Mittag an den Tisch setzte und mit der Bauernfamilie speiste und sich wohl fühlte, als wäre er einer der ihren. ■

So selten wie die Anhänger sind auch die Prospekte. Ganze zwei Anhänger sind derzeit bekannt, von den Prospekten sind es die zwei hier abgedruckten Exemplare.

Robert Stock: Sein letztes Unternehmen!

STOCK Motorpflug GmbH

Ein Unternehmerporträt von Kurt Häfner

Kennen Sie Stock? Nein! Kennen Sie Lanz? Aber selbstverständlich, den Lanz-Bulldog kennt doch jeder! Nun, Robert Stock (1858–1912) zählt als Pionier und Unternehmer – genau wie Heinrich Lanz (1838–1905) – zu jenen Unternehmern unserer frühen Industrialisierung, die es geschafft haben, innerhalb weniger Jahre zu beachtlichem Reichtum und Ansehen zu kommen. Sein Wirken erfolgte jedoch nicht in Mannheim, sondern in der Reichshauptstadt Berlin.

Von Haus aus arm, zog der gebürtige Mecklenburger Robert Stock 1882 nach Berlin. Damals soll er nicht einmal das Fahrgeld besessen haben, das er für die Fahrt benötigte. Nein, er soll diese Strecke auf Schusters Rappen zurückgelegt haben.

Geboren am 4. April 1858 in Hagenow als Sohn des Schlossermeisters Robert Stock besuchte er die Bürgerschule, gefolgt von einer Schlosserlehre in der Werkstatt des Vaters. Danach kamen die Wanderjahre und er wurde Soldat, bevor er weitere zwei Jahre in der Werkstatt des Vaters arbeitete.

Im Herbst 1882 wanderte er nach Berlin und arbeitete zunächst in verschiedenen Fabriken, wo er im Gegensatz zum herkömmlichen Arbeiten in Vaters Werkstatt mit modernsten Fertigungsmethoden vertraut wurde.

Berlin war gerade dabei, die Straßen elektrisch zu beleuchten – das völlig neue elektrische Licht einzuführen. Eine der ersten elektrisch beleuchteten Straßen waren die Leipziger Straße und der Potsdamer Platz, die noch im September desselben Jahres fertig gestellt werden konnte. Robert Stock war von dieser neuen Beleuchtungsart so nachhaltig beeindruckt, dass er sich fortan für die elektrische Technik zu interessieren begann.

Bereits 1887 – also nur fünf Jahre nach seiner Ankunft – gründete er seine erste Firma mit dem Namen Deutsche Telephonwerke R. Stock & Co., kurz DeTeWe. Er befasste sich mit der Herstellung elektrischer Spulen, Klingeln und Fernhörer, die er anfänglich zusammen mit seiner Frau und einem Mitarbeiter in der Wohnung herstellte. Nur wenig später folgten zwei weitere Mitarbeiter und mehrere weibliche Hilfskräfte, sodass die eigene Wohnung schnell zu klein wurde. Nach mehreren Umzügen in immer größere Räumlichkeiten erfolgte 1895 ein letzter Umzug in die eigene, neu erbaute Fabrik in der Zeughofstraße, wo sich die noch heute existierende Firma noch immer befindet. Die beim Umzug über 300 Mitarbeiter zählende Belegschaft wuchs in den Folgejahren kontinuierlich weiter und zählte nur runde zehn Jahre später mehrere Tausend.

Der Fertigungsbereich erweiterte sich auf Einzelteile rund um Fernsprech- und Telegrafenapparate samt Zubehör, wo er sich aufgrund rationeller Fertigungsmethoden eine Art Monopolstellung erarbeiten konnte.

Selbst in die Kabelfertigung stieg er ein und fertigte Kabel aller Art. So belieferte er unter anderem die Reichspost mit Fernsprechkabeln. Um den enormen Bedarf der aufstrebenden Elektrik und der Telefontechnik mit Kabeln versorgen zu können, gründete er 1896 in Schöneweide eine weitere Fabrik: das Kabelwerk Wilhelminenhof.

Spiralbohrer-Fertigung

Ein ebenfalls schnell wachsender Produktionszweig war die Spiralbohrerfabrik, die bereits 1895 zu beachtlicher Größe gelangt, zunächst aber noch in den Räumlichkeiten der DeTeWe untergebracht war. Hier wurde der erste deutsche Spiralbohrer, der Stock-Bohrer hergestellt.
Robert Stock hatte für seine Unternehmen den Eigenbedarf dieser Werkzeuge zunächst aus Amerika bezogen. Doch das immense Wachstum seiner Fertigungen verlangte derartige Stückzahlen, die bald nicht mehr zuverlässig gedeckt werden konnten. Dieser Umstand bewog Stock letztlich, selbst in diesen Fertigungsbereich einzusteigen. Nach mehreren Versuchen war es gelungen, denselben Qualitätsbohrer herzustellen – zunächst für den Eigenbedarf, schließlich sogar für den Handel.
So war auch dieser Fertigungsbereich einem kontinuierlichen Wachstum unterworfen, weshalb er 1899 vom übrigen Unternehmen – der DeTeWe – ausgegliedert und unter neuer Firmierung, der R. Stock & Co. GmbH, eigenständig weitergeführt wurde. Ein Unternehmen, das sich ebenfalls bis in die heutige Zeit recht erfolgreich am Markt halten konnte.
Robert Stock konnte mittlerweile drei gut florierende Unternehmen sein Eigen nennen. Doch schien er damit seine Ziele noch nicht erreicht zu haben, denn noch vor dem ausgehenden Jahr 1899 gründete er zusammen mit der Elektrischen Licht- & Kraftanlagen GmbH die Deutsche Telephon-Gesellschaft mbH.
Zum Ende des Jahres 1900 jedoch schied er gesundheitlich angeschlagen aus dem Aufsichtsrat der DeTeWe aus, und als dann 1904 die Spiralbohrerfirma von der DeTeWe übernommen wurde, war er aus seinen Gründungsunternehmen ausgeschieden.
Robert Stock zählt heute unbestritten als Pionier der Telekommunikation. Während seiner aktiven Zeit wohnte er an einem seiner Firmenstandorte, erst nach der Trennung zog er in seine Villa in Berlin-Treptow.

Stocks neues Ziel: Ländereien

Um den Erlös seiner Verkäufe sicher anzulegen, investierte er in Ländereien, hauptsächlich in der Umgebung der Reichshauptstadt Berlin. Bald war er Besitzer von vier mächtiger Gütern, die unter seiner Aufsicht wiederum erfolgreich geführt wurden. Hierzu zählte auch das Waldgut Sophienwalde, das er sich mit der Absicht, sich endlich mehr Ruhe zu gönnen, als künftigen Wohnsitz ausgewählt hatte. Doch er wäre nicht Robert Stock gewesen, hätte er sich nichtstuend im Lehnstuhl zurückgelehnt. Denn auf seinen Gütern wurde er hautnah mit der oft mühsamen und schweißtreibenden Arbeit der Landwirte konfrontiert. Vor allem der mit Pferden betriebene Ackerbau war es, den zu erleichtern er sich wiederum zum Ziel gesetzt hatte.
Er orientierte sich an der landwirtschaftlichen Mechanisierung Nordamerikas, wo jährlich Tausende Hektar von Urland zu brauchbarem

Der erste Motorpflug nach den Plänen von Robert Stock, 1908 verwirklicht (oben).

Mit sechs Pflugscharen war er der größte Motorpflug, der im Jahr 1912 gebaut wurde. Er besaß ein Zweigang-Getriebe mit Rückwärtsgang, konnte aber durch austauschen der Wechselräder acht Fahrgeschwindigkeiten vorwärts und vier rückwärts erreichen.

Werbung für den kleinen Stock-Pflug von 1921 (unten).

Ackerland erschlossen wurden. Der seit noch nicht mal zwei Jahrzehnten eingesetzte Dampfpflug war einerseits sehr kostspielig, andererseits in seiner Verwendung eingeschränkt. Beispielsweise war der Wirkungskreis des Seiles wegen auf eine Länge von 400 Metern beschränkt. Weiter war immer eine Hilfs- und Bedienmannschaft von mindestens fünf Mann notwendig und der Einsatz war abseits der Verkehrszentren der Kohle- und Wasserbeschaffung wegen ebenfalls nur begrenzt möglich. Haupthindernis aber war das

Mit bis zu 16 Tonnen war das Befahren der Äcker unmöglich

sehr hohe Gewicht von 12, 15, ja bis zu 16 Tonnen, was das Befahren der Äcker unmöglich machte, sodass das Arbeiten nur vom befestigten Boden außerhalb des Ackers stattfinden konnte. So kam diese Technik für die vielfach kilometerlangen Arbeitslängen nicht mehr in Frage.

Andererseits gab es die geländetauglichen Benzinzugmaschinen, die den Pflug im Schlepptau hinter sich herzogen. Konnte hier der Fahrer die Maschine allein beherrschen, so waren für den Schlepp-Pflug je nach Größe immer noch weitere Männer notwendig. Hinzu kamen bei vielen Modellen eine ungenügende Rangierfähigkeit samt schwerer Lenkfähigkeit und ein wiederum sehr hohes Gewicht von nicht selten 10 bis 12 Tonnen, wodurch der Boden unnötig verdichtet wurde.

Hier hatte Robert Stock die zündende Idee, den Verbrennungsmotor direkt mit dem Pflug zu kombinieren und so eine neue Maschinengattung – den Motorpflug – zu schaffen.

Die zündende Idee: Motor und Pflug zu kombinieren

Noch im Jahr 1909, also drei Jahre vor seinem Ableben, gründete er wiederum ein neues Unternehmen: die Stock Motorpflug GmbH. Robert Stock konnte es sich leisten, die besten Mechaniker Berlins und weitere ausgewählte Mitarbeiter für sich zu gewinnen. Da er sich ja aus dem Handwerkerstand emporgearbeitet hatte, pflegte er schon immer einen vertrauten Umgang zu seinen Mitarbeitern, und er belohnte Fleiß mit Sonderzuwendungen. Auf der andern Seite aber forderte er Pünktlichkeit, Zuverlässigkeit und Loyalität, und er legte eine gewisse Strenge an den Tag. So wird beispielsweise berichtet, dass er seinen Kutscher einmal kräftig am Ärmel gepackt und energisch durchgeschüttelt haben soll, als dieser sich bei seiner allmorgendlichen Abholfahrt verspätet hatte und Robert Stock ein paar Minuten warten musste.

Robert Stock war also nicht nur ein Pionier der Telekommunikation, er ging auch als der Erfinder des Motorpfluges in unsere deutsche Geschichte ein.

Der Motorpflug wurde in den Folgejahren auch von weiteren Firmen nachgebaut, die aber nie die Stock-Technik erreichten. Erst mit der Weltwirtschaftskrise der ausgehenden 1920er Jahre endete der Bau dieser Maschinengattung insgesamt.

Robert Stock verstarb 1912 nach längerer Krankheit. Er wurde auf dem Luisenfriedhof in Berlin beigesetzt. Hier erinnert noch heute ein reich ausgestattetes Grab mit Bronzestatue an diesen genialen Unternehmer und Erfinder.

Nach seinem Tode hinterließ er wiederum ein aufblühendes Unternehmen mit einer Bilanz von über 350 verkauften Maschinen.

Konstruktionsmerkmale

Der in allen Kulturstaaten patentierte Stock-Pflug wich vom System der Schlepp-Pflüge völlig ab, denn hier bildete der komplette Pflug zusammen mit dem Motor ein organisches Ganzes. Er ruhte auf zwei vergleichsweise schmalen, dafür recht hohen Antriebsrädern. Der auf der Achse zwischen den Rädern gelagerte Rahmen trug vorne die komplette motorische Einheit – Motor, Kühler, Kraftstofftank, Getriebe und Verbindungswellen – und nach hinten die Pflugkörper, alles so angeordnet,

Diese Bilder geben Einblicke in die Fertigungswerkstätten im Jahr 1912, zu einer Zeit, als noch keine Elektromotoren an den Werkzeugmaschinen zu finden waren.

Linke Seite: Die Automatendreherei. Hier wurden Kleinteile wie Schrauben, Muttern und Unterlagscheiben in großen Stückzahlen automatisch gefertigt.

Daneben die Präzisionsschleiferei mit Rund-, Loch- und Flachschleifmaschinen.

Oben: Hier die Zahnradfräserei. In 48-stündiger ununterbrochener Arbeit konnte ein Zahnradpaar für den Antrieb fertig gestellt werden.

Bild Mitte gestattet einen Blick in die Dreherei: links beispielsweise eine Karusselldrehbank.

Unten der Getriebebau. Im Vordergrund zu sehen die Montage der Differential-Getriebe.

dass ein geringer Gewichtsüberhang nach hinten erreicht wurde, der vom Stützrad am Pflugrahmen-Ende aufgenommen wurde. Dieses Stützrad fungierte gleichzeitig als Lenkrad.

EHREN-
DIPLOM
Die Landwirtschaftliche Zentralgesellschaft für das Kgr. Böhmen
erteilt diese Auszeichnung über das Schaupflügen in Satalic bei Prag am 24. November 1912 der
Aktienbank „Bohemia"
IN PRAG
Generalvertreterin der
Stock Motorpflug G.m.b.H.
für die von ihr gezeigten und vorgeführten Motorpflüge.
Prag, den 16. Dezember 1912.
Das Präsidium
der Landwirtschaftlichen Zentralgesellschaft
gez. gez.
Doc.Dr.Jos.Anderle. Fürst Schwarzenberg.
(Uebersetzung)

Das Ehrendiplom der landwirtschaftlichen Zentralgesellschaft des Königreichs Böhmen war die letzte Auszeichnung, die der Firma im Todesjahr verliehen wurde.

Ein herausragender Vorteil gegenüber den Schlepp-Pflügen war das weit geringere Gewicht einerseits wie auch die gute Rangierfähigkeit und die Tatsache, dass nahezu das komplette Fahrzeuggewicht auf den beiden Antriebsrädern ruhte und so als Adhäsionsgewicht nutzbar wurde.

Weitere technische Highlights verschiedener Modelle waren beispielsweise die motorische Aushebung der Pflugschare, eine Differenzialsperre zur Koppelung des Kraftschlusses beider Antriebsräder und ein Schaltgetriebe mit mehreren Schaltstufen. Überflüssig zu erwähnen, dass auch ein Rückwärtsgang vorhanden war.

Nach dem Ersten Weltkrieg wartete Stock mit dem Wendestock auf, einem neu konstruierten, handlichen Motorpflug mit 20 PS für mittlere landwirtschaftliche Betriebe. Ferner folgten Konstruktionen wie der Stokraft mit 40 PS oder der Raupenstock. Maschinen, die mit ihrer Technik immer richtungsweisend waren, was sicher auch daran lag, dass die Firma alle Bauteile vom Motor über das Getriebe bis hin zu den Fahrwerksteilen und den Rädern selbst fabrizierte.

Durch politische Ereignisse ins Aus geführt

Die Stock Motorpflug GmbH musste in ihrer weiteren Geschichte mehrere Rückschläge meist politischer Natur verarbeiten: Beispielsweise diktierte der Erste Weltkrieg eine Produktionseinstellung, gefolgt von den Unruhen Mitte der zwanziger Jahre, wo die Firma nur knapp dem Niedergang entrinnen konnte. Dann war die Weltwirtschaftskrise zu überwinden, die eine zusätzliche Neuorientierung und Umstellung auf eine Schlepperfabrikation forderte. Hier war auch der Zeitpunkt gekommen, wo der eigene Motorenbau eingestellt und Deutz-Dieselmotoren Verwendung fanden. Doch kaum hatte sich die wirtschaftliche Lage zu normalisieren begonnen, griffen das Dritte Reich und deren einschneidende Verordnungen, bis hin zum Zweiten Weltkrieg, der die Umstellung auf Gasschlepper einforderte. Das endgültige Aus aber kam für die Firma mit dem Ende des Zweiten Weltkriegs und der Aufteilung Deutschland unter den vier Siegermächten, denn nun gingen der Firma die im Osten Berlins angesiedelten Werksanlagen verloren. ■

Der etwas andere Einachsschlepper:

Unser FAWI

Von Heinz Engelhardt

Den Bericht von Reinhard Kober in der Ausgabe 2006 von „Der Schlepper im Rückblick" über seine ersten Erfahrungen mit dem Monax habe ich mit großem Interesse gelesen. Manche seiner Erlebnisse kamen mir nur allzu bekannt vor. Seit einigen Jahren besitze auch ich einen Einachsschlepper und es gab immer mal wieder Situationen, in denen ich an den eigenen Fähigkeiten zu zweifeln begann. Allerdings handelt es sich bei dem FAWI um einen Einachsschlepper, der sich durch den prinzipiellen Aufbau von den meisten anderen deutlich unterscheidet. Und anders als Reinhard Kober bin ich eigentlich mehr zufällig zu dem interessanten Fahrzeug gekommen.

Es war bei einem Grillfest im Frühsommer 2004. Damals erzählte mir ein Bekannter während eines harmlosen Gesprächs, ihm sei ein alter Schlepper angeboten worden. Es sei irgendetwas mit Knicklenkung, einer Ladefläche und einem Verdampfermotor. Er lachte und meinte, er könne mit solchem Schrott nichts anfangen. Ich erwiderte, ich hätte mir an seiner Stelle das Fahrzeug wenigstens mal angesehen. Man könnte ja immer noch nein sagen. So schlug er mir vor, das angebotene Fahrzeug mit ihm mal anzuschauen. Wir vereinbarten einen Termin und fuhren zu dem Mann, der ihm das Fahrzeug angeboten hatte. Als wir dort angekommen waren, öffnete er eine kleine, niedrige Garage. Und da stand er nun, der FAWI. Trotz seines Alters – das Fahrzeug ist Baujahr 1955 – sah er noch erstklassig erhalten aus. Der unverkleidete Motor mit dem großen Wasserbehälter verlieh dem Fahrzeug ein relativ wuchtiges Aussehen. Bei dem FAWI handelt es sich um einen Einachsschlepper mit Lenkradlenkung – so die Angabe des Herstellers – und so etwas hatte ich noch nie zuvor gesehen. Bisher waren mir nur die üblichen Einachsschlepper mit Holmenlenkung bekannt. Solche Fahrzeuge

hatte es in meiner Jugend auch bei uns im Dorf gegeben, man nannte sie spöttisch „Deichselhirsch“. Der FAWI war jedoch ganz anders. Die Spurweite und die großen Vorderräder gereichen einem kleinen Vierradschlepper zur Ehre. Der Fahrer sitzt auf einem gefederten Schwingsitz auf dem Motorwagen und lenkt das Fahrzeug mit einem Lenkrad, das über eine Zahnstange auf das Knickgelenk zwischen Motorwagen und Anhänger wirkt. Zu dem Fahrzeug sollte der Anhänger mit großer, manuell kippbarer Ladefläche sowie zwei Anbaupflüge gehören. Außerdem ein weiterer Vorderwagen, den der Anbieter wenige Tage zuvor beim Schneiden der Hecke gefunden hatte. Dieser war zwar ohne Motor und hatte wohl schon lange ungeschützt unter der Hecke gestanden, doch verschiedene Teile sahen noch ganz brauchbar aus. Der Vater des Mannes hatte den FAWI jahrelang zum erwerbsmäßigen Anbau von Gemüse und Wein benutzt. Wie jeden Herbst hatte er das Fahrzeug vor gut fünf Jahren in die Garage gebracht und winterfest gemacht. Wegen der Verdampfungskühlung muss bei Frostgefahr der gesamte Wasserkreislauf entleert werden. Am Anfang des darauf folgenden Jahres war der Besitzer dann jedoch überraschend verstorben. Seitdem stand der FAWI in der Garage. Einen zweiten, luftgekühlten FAWI hatte der Besitzer für Anbaugeräte wie Pflug, Egge u.Ä. eingesetzt. Das uns angebotene Fahrzeug mit der Ladepritsche benutzte er überwiegend für Transportarbeiten. Trotz des langen Stillstandes ließ sich der Motor noch drehen, und so beschlossen wir, das gute Stück gemeinsam zu kaufen. Vor dem ersten Probelauf wurde das Öl gewechselt, neuer Diesel eingefüllt, der Wasserbehälter gefüllt und alle Schmierstellen wurden frisch abgeschmiert. Nun kam der große Moment. Wir setzten die Kurbel an und drehten den Motor zunächst einige Male langsam durch. Dann wagten wir den ersten Startversuch. Es kam zwar etwas Rauch aus dem Auspuff, sonst geschah jedoch nichts. Doch schon beim zweiten Versuch lief der Motor an und bei den ersten Probefahrten lief er dann immer besser. Es war eine Freude, mit diesem Fahrzeug zu fahren, wenngleich die Bedienung für mich doch ziemlich gewöhnungsbedürftig war. So gibt es z.B. nur einen Handgashebel. Das Getriebe verfügt zwar über vier Vorwärtsgänge und einen Rückwärtsgang in einer H-Schaltung, jedoch ist das Getriebe quer zur Fahrtrichtung einge-

Bild oben: Der Fawi: Zusammen mit dem Anhänger bildet er ein knickgelenktes Fahrzeug.

Bild unten: Recht vorteilhaft bei Transporten: das komplette Gespann lässt sich auf einem Trailer verladen.

baut und somit liegt das H quer. Da wir erst später erfuhren, dass der FAWI mit einem Selbstsperrdifferenzial ausgerüstet ist, wussten wir bei den ersten Probefahrten nicht, weshalb sich das Fahrzeug mal spielend leicht lenken ließ und dann wieder nur mit großem Kraftaufwand. Nach etlichen Übungsfahrten auf wenig benutzten Feldwegen konnten wir jedoch immer besser mit dem guten Stück umgehen, allerdings zeigten sich auch diverse Probleme.

Die Zeit hinterließ doch einige Spuren

Die Bremsen ließen sich nicht korrekt einstellen und die Elektrik war völlig kaputt. Es handelte sich ursprünglich um eine 6-V-Anlage ohne Batterie. Die Überprüfung ergab, dass die Lichtmaschine defekt war und der Regler völlig unbrauchbar. Übers Internet bekam ich Kontakt zu zwei weiteren FAWI-Besitzern ganz in unserer Nähe. Von dem einen Besitzer erhielt ich viele nützliche Tipps für die Reparatur. Er hatte solch ein Fahrzeug von Grund auf restauriert. Nach vielen entnervenden Versuchen, die Probleme der 6-V-Anlage in den Griff zu bekommen, hatte er auf den Betrieb mit Pufferbatterie umgerüstet. Seitdem funktionierte alles zuverlässig. Wenn es um die Sicherheit geht, muss man in manchen Punkten einfach Kompromisse eingehen. Von dem anderen Besitzer bekam ich umfangreiche Literatur, die dieser im Laufe der Jahre gesammelt hatte. Im Herbst 2004 wollten wir mit dem FAWI an einem Schleppertreffen teilnehmen. Da noch immer nicht alles korrekt funktionierte, sollte der frisch geputzte FAWI zum Transport verladen werden. Aber beim Verladen brach mit einem lauten Knall die Kuppelstange der Lenkung. Glücklicherweise war sonst nichts passiert, aber an den Besuch des Schleppertreffens war so nicht zu denken. Einige Wochen später wurde der FAWI für den Winter abgestellt. Die Zeit bis zum nächsten Frühling nutzte ich, um Teile für die Reparatur zu beschaffen. Das darauf folgende Frühjahr brachte dann noch eine unangenehme Überraschung: Durch das lange Stehen und auf Grund des doch beachtlichen Alters waren die Flanken der Reifen an der Vorderachse gebrochen. Es mussten neue Reifen gekauft werden.

Auf zu alter Frische

Mein Freund meinte nun allerdings, er hätte weder das erforderliche Interesse noch die Zeit für ein solches Hobby. Mir war der Einachser inzwischen aber ans Herz gewachsen und ich wollte den seltenen Schlepper nicht mehr aufgeben. Wir wurden uns rasch einig und ich zahlte meinen Bekannten aus. Die Reifen waren aufgrund der etwas ausgefallenen Größe nicht ganz einfach zu beschaffen. Lenkung und Elektrik waren kein Problem und auch die Schwierigkeiten mit den Bremsen waren weitgehend zu lösen. Es mussten noch die erforderlichen Schilder angebracht werden, dann war der FAWI wieder voll einsatzbereit. Denn als landwirtschaftlicher Einachsschlepper ist der FAWI zulassungsfrei. Die Höchstgeschwindigkeit darf dann jedoch 20 km/h nicht überschreiten. An der Seite des Anhängers sowie hinten sind entsprechende Schilder anzubringen. Außerdem muss sich an der linken Fahrzeugseite ein Schild mit der vollständigen Anschrift des Halters befinden. Diese Informationen konnte ich der Kopie eines Gutachtens entnehmen, das der Hersteller 1954 hatte erstellen lassen. Die entsprechenden Paragraphen der StVZO gelten noch heute. Eine andere Frage beim Betrieb eines solchen Fahrzeuges ist die der Versicherung. Bei manchen Versicherungsgesellschaften ist ein Einachsschlepper über die private Haftpflichtversicherung mit versichert. Zur Sicherheit sollte man sich jedoch bei seiner Versicherung detailliert informieren.

Wenn Vater und Sohn zusammen helfen: Obwohl nur ein Ausschnitt des Holzberges zu sehen ist, so kann man die hier geleistete Arbeit erahnen.

Einige Details zum FAWI

Inzwischen konnte ich auch einige Details in Erfahrung bringen. So wurde der FAWI bei der Firma Widmann in Waiblingen gebaut. Ein wesentlicher Unterschied zu anderen Einachsern besteht in der Lenkradlenkung. Die Bedienung ist dadurch ähnlich wie bei einem Vierradschlepper. Der Anbau von Geräten erfolgt an der Achse des Anhängers bei abgenommener Ladefläche. Auch mit Anbaugeräten wird der Bediener nicht zum Fußgänger, sondern fährt immer mit. Der FAWI ist gewissermaßen ein Konfektionsfahrzeug, wie es in den fünfziger Jahren wohl viele gab. So stammt der liegende Einzylindermotor z.B. von Farymann und erbringt 8 PS Dauerleistung und 10 PS Spitzenleistung. Er wird ausschließlich mit der Kurbel gestartet. Das Getriebe wurde bei der Zahnradfabrik Friedrichshafen zugekauft, die Hinterachse von der Firma Maschinenbau Knott in Eggstätt. Die Anbaupflüge stammen von der Bayerischen Pflugfabrik. Wahlweise gab es den Farymann-Motor auch luftgekühlt. Der FAWI wurde vielfach an kleinere Betriebe geliefert und in dieser Bauform in einer Kleinserie von ca. 80 Stück gebaut. Wahrscheinlich sind die meisten Exemplare lokal, also in der näheren Umgebung von Waiblingen, verkauft worden. Es wäre aber interessant zu wissen, wohin überall noch diese Fahrzeuge gelangt sind. Die Firma Widmann erfüllte viele Kundenwünsche. Deshalb ist wohl fast jedes Fahrzeug ein klein wenig anders ausgerüstet. Im vierten Gang ist das urige Gefährt mit knapp 20 km/h ganz flott unterwegs. Dabei ist man gut beraten, ein paar Eigenarten immer zu beachten. Kräfte, die auf die Vorderräder einwirken, bekommt man deutlich am Lenkrad zu spüren. Deshalb ist das Fahren mit dem FAWI insbesondere in unebenem Gelände wahrlich kein Kinderspiel. Bei einer der ersten Fahrten mit dem FAWI hatte mein Bekannter beinahe einen unfreiwilligen Ausflug über eine Verkehrsinsel gemacht. Schuld war das Selbstsperrdifferenzial. Und bei Bergfahrten unter Last in unebenem Gelände zwang mich dieses Differenzial auch schon ein paarmal zu ungewollten Umwegen. Mit der Zeit habe ich aber gelernt, mit diesen Eigenarten umzugehen, und das Fahren mit dem FAWI macht sehr viel Freude. Alleine der kernige Klang des Motors ist wie Musik in den Ohren.

Was für die weitere Zukunft geplant ist

Ich möchte gerne noch weitere Details über dieses sehr interessante Fahrzeug in Erfahrung bringen. Über jeden Kontakt zu weiteren FAWI-Besitzern würde ich mich deshalb sehr freuen. Und unser FAWI? Nun, er soll als funktionsfähiges Fahrzeug erhalten bleiben und natürlich darf er auch noch etwas arbeiten. Er eignet sich hervorragend für leichte Transportarbeiten. Für den Anhänger gab es eine Sitzbank, die würde ich noch gerne nachbauen. Es gab auch ein Frontmähwerk. Ein solches Mähwerk zu finden wäre wohl die Krönung. Die zwei Anbaupflüge würde ich sehr gerne einmal ausprobieren. Und natürlich werde ich auch hin und wieder ein Schleppertreffen mit diesem Fahrzeug besuchen. Dort kann sich der FAWI sicher sehen lassen. Und vielleicht finden wir auch dort noch den einen oder anderen glücklichen FAWI-Besitzer, der von seinem Fahrzeug ebenso begeistert ist wie ich. ■

Soll mit dem Fawi gepflügt werden, so wird der Anhänger zur Nachlaufachse mit angebautem Pflug.

Selten oder Humbug?

Der blaue Fendt F 15

Eine Geschichte mit zweifelhaftem Hintergrund

Es war im Frühjahr 2006. Ein Anruf aus dem Allgäu, ganz in der Nähe der Fendt-Stadt Markt Oberdorf, offenbarte den Verkauf eines Fendt F 15 aus dem Jahr 1950. Er sei bis vor wenigen Jahren bei einem Nachbarn im Dorf gelaufen, sei technisch vollkommen in Ordnung und optisch, ja, da sei er neu lackiert.

So weit also eine alltägliche Geschichte, die schon viele von uns Oldtimersammlern erleben durften. Doch irgendwann kam das Gespräch auf den Farbton zu sprechen: „Wurde denn auch die Originalgrüne Fendt-Farbe verwendet?“ „Aber nein, dieser Fendt ist blau, ja, fast Taubenblau, könnte man sagen“. „Sie meinten wohl grau, denn es ist ja bekannt, dass Fendt einige wenige seiner Schlepper kurze Zeit auch in einem dunkleren Grau lackiert hat?“ „Nein, das mit den graulackierten Fendt-Schleppern ist mir sehr wohl bekannt, doch dieser Schlepper ist blau!“

Ja, das ist ja eine vollkommen neue Info! Nein, von blauen Fendt-Schleppern war bisher noch nie etwas zu hören.

Im weiteren Gespräch war dann folgendes zu hören: Die Firma Fendt soll Anfang 1950 ein Geschäft mit Finnland geplant haben. Zwei Typen waren dafür vorgesehen: zum einen der Fendt F 15 mit dem Einzylinder-Dieselmotor von MWM und zum anderen der F 25 mit dem Zweizylindermotor desselben Herstellers. Insgesamt etwa 100 Schlepper waren wohl für dieses Geschäft vorgesehen, die Mehrzahl allerdings waren die F-15-Typen. All diese Schlepper sollten dann in diesem Blau lackiert gewesen sein.

Doch entgegen allen Erwartungen war das Geschäft geplatzt oder es ist erst gar nicht zustande gekommen, so wusste der Verkäufer zu berichten – jedenfalls seien alle Schlepper bei uns im Lande geblieben. Ein paar wenige davon waren dann in dieser blauen Farbgebung zum Verkauf gelangt, doch da die Bauern nach dem gewohnt grünen

Fendt-Schlepper verlangten, so habe die Firma eine Umlackieraktion gestartet und die restlichen Schlepper mit grüner Farbe überlackiert.
Ja, und der Fendt aus seinem Dorf sei einer der ganz wenigen Schlepper gewesen, die noch in der blauen Farbe verkauft wurden.
Bei der jetzigen Lackierung habe ihm ein Mitarbeiter der Firma den genauen Farbton genannt, und so konnte damit wiederum der originalblaue Farbton hergestellt werden.

Dass das Mähwerk nicht dieselbe blaue Farbe hat wie der Schlepper liegt daran, dass es später montiert wurde.

Ja, das machte neugierig. Bald war ein Termin vereinbart, und die Reise ins Allgäu konnte bei schönstem Sonnenschein beginnen.
Dort angekommen, ging es in eine dunkle, fast leer stehende Scheune. Ein paar Sonnenstrahlen bahnten sich ihren Weg durch die vielen Ritzen der mit Brettern verkleideten Scheunenwand, sodass sich die Augen recht schnell an diese Dunkelheit gewöhnt hatten.
Ja, da stand er nun, der blaue Fendt-Schlepper, zwar etwas eingestaubt, aber die blaue Farbgebung, die stand ihm besonders gut. Glaubte man dem Verkäufer, so muss der Schlepper schon mehrere Monate unberührt so gestanden haben, was die Staubschicht auch erklärt. Er war noch zugelassen, und nach einem kurzen Vorglühen sprang der Motor auch schon an – und er lief nach wenigen Sekunden ohne zu rauchen auf Standgas weiter. Leider war eine Probefahrt eines Plattfußes wegen nicht möglich.
Schnell war dieser kleine blauen Fendt-Schlepper ins Herz geschlossen – mit der Folge, dass er einen neuen Besitzer bekam.
Als der Fendt-Schlepper nach etlichen Wochen sein neues Zuhause erreicht hatte, ging es daran, die Angaben bezüglich der blauen Farbgebung von Firmenseite bestätigen zu lassen.
In der Firma hatte man ein offenes Ohr und war sehr hilfsbereit. Insgesamt fünf Mitarbeiter wurden kontaktiert, doch die Enttäuschung war groß, denn keinem dieser Herren war das Finnlandgeschäft oder die blaue Lackierung bekannt.

Doch eine Spur?

Auch erinnerte sich niemand, je die Rezeptur einer blauen Farbe nach außen gegeben zu haben. „Doch im Zweifelsfalle steht Herr Kremer zur Verfügung – der Spezialist, wenn es um Fendt-Schlepper älterer Baujahre geht.“
Nun, selbst Herr Kremer hatte noch nie etwas von einer blauen Farbe gehört, geschweige denn von dem Finnlandgeschäft. Aber er wusste zu berichten, dass in seiner Sammlung ebenfalls ein noch unrestaurierter F 15 von 1950 stand – zwar war der grün, aber nach einer gründlichen Reinigung mit dem Hochdruckreiniger hatte dieser viel von dieser grünen Farbe eingebüßt, und hier sei ebenfalls blaue Farbe zum Vorschein gekommen.

Noch eine Spur?

Im Laufe des Sommers ging es auf ein Oldtimertreffen ganz in der Nähe, natürlich auf dem Fendt-Schlepper. Und der Zufall wollte es, dass ein paar Fendt-Schlepper-freunde aus der Nähe von Ulm angereist waren.
Ja, einer davon wusste ebenfalls eine Geschichte über die blauen Fendt-Schlepper zu berichten, zwar eine anders lautende, aber er glaubte auch zwei blaue Schlepper zu kennen. Einer davon sei ebenfalls ein F 15, der zweite hingegen stamme aus der F-25-Baureihe
Man mag es also glauben, dass es 1950 eine Aktion gegeben haben muss, aus der einigen wenige Fendt-Schlepper in blauer Farbe hervorgegangen sind. Vielleicht gibt es tatsächlich einen Leser, der doch mehr darüber weiß und sich freundlicherweise beim Verlag melden mag. Oder gibt es unter den Dieselross-Freunden jemanden, der ebenfalls einen blauen Fendt-Schlepper besitzt?
Vielleicht lässt sich die Geschichte auf diesem Wege doch noch aufklären.
Der hier genannte blaue Fendt mit den roten Felgen, mit dem ZF-Getriebe und den großen Naben, er soll so erhalten und gepflegt werden, steht ihm diese Farbgebung doch recht gut, und er ist so einfach zu bedienen, so problemlos zu starten und zu fahren. ■

Aus dem Schwäbischen! Europas größte Motormäherfabrik:

Gutbrod

Von Bernd Peinelt

Wilhelm Gutbrod, 1890 in Gerlingen bei Stuttgart geboren, wuchs als Bauernsohn zusammen mit mehreren Geschwistern auf. Sein Leben, geprägt von harter Arbeit, verlief – im Nachhinein betrachtet – nahezu traumhaft. Es begann als Sohn eines Kleinbauern und reichte über das Ingenieurstudium bis hin zum Fabrikanten. In seinen Fabriken wurden Motorräder, Autos, Kleinlaster und selbst Landmaschinen gefertigt.

Mit 14 Jahren verließ Wilhelm Gutbrod die väterliche Landwirtschaft und begann eine Lehre zum Maschinenbauer. Schon als 16-jähriger Lehrling zeichnete er sich als selbstständig arbeitender und verantwortungsvoller Monteur aus. Nach seiner Lehre arbeitete er eine Zeit lang bei der Firma Robert Bosch in Stuttgart, bei der er sein Wissen wesentlich erweitern konnte. Von 1910 bis 1912 musste der junge Wilhelm Gutbrod – mittlerweile 20-jährig – zum Militär. In dieser Zeit gelang es ihm, so viel Geld zusammenzusparen, dass er nach seiner Militärzeit die Ingenieurschule besuchen konnte.

Seine Fähigkeiten als Konstrukteur und Motorenbauer bewies Gutbrod dann im Ersten Weltkrieg, wo er sich dem Flugzeugbau verschrieb. Nach dem Krieg verschlug es ihn nach Backnang – zu Kaelble. Kaelble baute zu jener Zeit u.a. kompressorlose Dieselmotoren und Wilhelm Gutbrot besann sich wieder auf seine große Liebe, nämlich den Motorrad-, Auto- und Landmaschinenbau. Er wollte seine eigenen Produkte entwickeln. Es soll-

Um 1950: Die neuen Gutbrod-Autotypen

ten Fahrzeuge sein, die seinen Namen – den Namen Gutbrod – trugen. Dies sollte ihm 1926 gelingen. In jenem Jahr – mittlerweile 36-jährig – gründete er sein eigenes Unternehmen. Es war im Pferdestall einer alten Artilleriekaserne, wo er sich seine erste Wirkungsstätte einrichten konnte. Zuerst firmierte er unter Standard-Fahrzeugfabrik. Die Motorräder, Autos und später auch die Motormäher wurden hier mit großem Erfolg gebaut. Das Unternehmen verzeichnete ein derartiges Wachstum, dass bereits 1937 der Standort gewechselt werden musste. In Plochingen am Neckar konnte eine ausgediente Fabrik erworben werden und nur ein Jahr später – 1938 – liefen bereits wieder Motorräder vom Montageband. Dieser Fertigungszweig musste jedoch bereits 1940 kriegsbedingt wieder eingestellt werden. Dennoch baute Wilhelm Gutbrod von 1926 bis ins Jahr 1940 erfolgreich nahezu 40 verschiedene Motorradtypen, außerdem diverse dreirädrige Kleinlaster, Kleinbusse und Lieferwagen.

Wilhelm Gutbrod *1890 †1948.

Geburtshaus in Gerlingen bei Stuttgart, am Fuß des weithin berühmten Schlosses Solitude.

Mit Kriegsbeginn im Jahr 1939 konnte Gutbrod seinen ersten Motormäher mit vorne liegendem Messerbalken vorstellen. Dieser Motormäher wurde in enger Zusammenarbeit mit Schweizer Landtechnikern entwickelt und beruhte auf einer Erfindung des Bauernsohns Jacob Fahrni aus dem Berner Oberland. Er wurde unter dem Markennamen Rapid mit ungeahntem Erfolg verkauft.
Nach dem Zusammenbruch – 1946 – erhielt das Gutbrod-Werk den Demontagebefehl. Doch Wilhelm Gutbrod ließ sich nicht entmutigen und begann ungebrochen mit dem Wiederaufbau, doch nur zwei Jahre später – am 9. August 1948 – verstarb er im Alter von nur 58 Jahren. Wilhelm Gutbrods ältester Sohn Walter trat nun das schwere Erbe seines Vaters an.
Walter Gutbrod war in der Lehre seines Vaters groß geworden und somit ein würdiger Nachfolger. Unter seiner Leitung erfuhr das Unternehmen einen stürmischen Aufstieg mit großer Bedeutung in Deutschland wie auch im Ausland. Weil die Werksanlagen in Plochingen nicht mehr ausreichten, wurde 1950 in Calw, am Rande des württembergischen Schwarzwalds, ein Zweigwerk errichtet. Ein neuer Kleinlaster, der Atlas 800, wurde gebaut. Dieser Atlas 800 wurde in Zusammenarbeit mit der Firma Westfalia gefertigt und es gab ihn

Wissenswertes zum Gutbrod-Superior

Bereits 1949 wurden die ersten Vorserien-Modelle fertig gestellt und der Öffentlichkeit präsentiert. Der Superior ist einer der ersten Pkw mit Ponton-Karosse.
Im Juli 1950 beginnt die Serienproduktion im Werk Calw. Die Standardausführung kostet 4250 DM, die Luxusvariante 4700 DM.

Noch vor dem ausgehenden Jahr 1951 gibt es zum Mehrpreis von 500 DM einen Direkteinspritzer-Motor, der 22 PS bei 600 cm^3 leistet. 1952 kommt eine viertürige Kombi-Version hinzu, und es werden stärkere Motoren mit 700 cm^3 gebaut: Die Vergaserversion leistet 26 PS, der Direkteinspritzer 30 PS.
1954 zwingen wirtschaftliche Schwierigkeiten zur Produktionseinstellung. Der Konstruktionsleiter übernimmt bald darauf die Konstruktion bei Daimler, und auch der Schöpfer der Ponton-Karosse wechselt in die Daimler-Konstruktion.

in verschiedenen Ausführungen. Daneben wurde der Gutbrod-Pkw Superior in verschiedenen Versionen gebaut und geliefert. Beschrieben als deutscher Volkswagen, gab es den Typ Superior in der Ausführung als Standardfahrzeug, Roadster, Luxuslimousine, Viersitzer-Familienauto, und selbst als Kombiwagen wurde er geliefert. Bahnbrechend an diesem Fahrzeug war, dass es der erste Pkw war, der mit einem Otto-Direkteinspritzer-Motor geliefert wurde.

Die Motormäher indessen wurden immer weiter verbessert. Neu hinzu kam eine triebradlose Motorhacke, angetrieben von einem 5-PS-Gutbrod-Motor. Auch diese Bauernhacke konnte in großer Stückzahl hergestellt und verkauft werden. Weitere Motorhacken-Konstruktionen folgten, und selbst Einachsschlepper wurden mit ins Programm genommen.

Stolze 123.465 Motormäher, Motorhacken und Einachsschlepper hat Gutbrod bis Ende 1957 in alle Welt geliefert. 1948 begann man mit der Entwicklung von Schleppern. Den Anfang machte 1949 eine Art Geräteträger, der unter dem Namen Farmax verkauft wurde. Ihm folgten Traktoren mit Leistungen von 25 und 40 PS. 1953 führten Zahlungsschwierigkeiten zum Teilverkauf der Gutbrod-Werke. Anfang der 60er Jahre nahm der Absatz von Einachsschleppern und Einachsgeräten ständig ab, und Gutbrod suchte sich ein neues Betätigungsfeld. Der Bau von Kleintraktoren wurde aufgenommen. Hier konnte seit 1962 der Gutbrod Superior gebaut werden. Ein Schlepper, dessen Name vom Pkw Superior übernommen wurde. Der Superior war ein Universalschlepper für Wein-, Obst-, Gartenbau und Landwirtschaft sowie für Kommunal- und Industriebetriebe. Ab 1968 gab es auch eine Allradversion dieses Schleppers.

Im Jahr 1974 wurde das Bauprogramm von Bungartz & Peschke

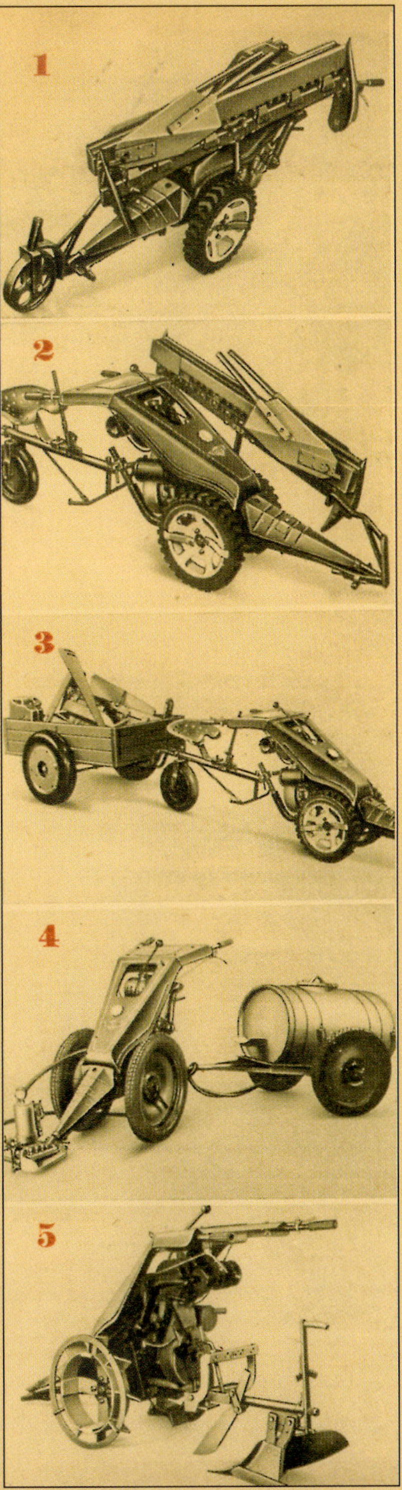

1

2

3

4

5

Bild von oben:
Motormäher RR 4 durch Zubehör noch vielfältiger:

1 Motormäher ausgerüstet mit Tragevorrichtung für den Mähbalken, mit Tragrolle am Ausleger und einer Elastikbereifung.

2 Motormäher mit Einrad-Fahrersitz und Fußlenkung.

3 Motormäher ausgerüstet mit Anhänger und Fahrersitz.

4 Motormäher mit Luftbereifung, aufgesattelter Baumspritze und Vorratsfass als Anhänger.

5 Motormäher mit spezieller Ackerbereifung und Anbaupflug.

Ansprechende Werbung für 50.000 verkaufte Gutbrod-Motormäher Anfang der 1950er Jahre ...

... und hier eine Werbung aus dem Jahr 1964.

Gutbrod-Einachsschlepper-Gespann aus den sechziger Jahren. Es gab Typenbezeichnungen wie Kobold oder Trabant.

übernommen, die bis dahin Kommunal- und We¡nbergschlepper fertigten. Im Jahr 1996 kam es zur Übernahme durch den amerikanischen Konzern Modern Tool & Company, kurz MTD. Bis dahin produzierte Gutbrod überwiegend Kleintraktoren und Rasenmäher. Noch heute werden bei der MTD Produkt AG in Saarbrücken Rasen- und Mulchmäher, Aufsitz- und Rasentraktoren sowie Motorhacken unter dem Namen Gutbrod hergestellt. Qualität, die bis heute einen guten Namen hat, von der Wilhelm Gutbrod einmal sagte: „Sie kann nicht gut genug sein, um den geplagten und sparsamen Bauern zu befriedigen!“ ■

Wissenswertes zum Gutbrod-Schlepper

Bis in die frühen fünfziger Jahre zurück reichen die Aktivitäten des Schlepperbaus, der zunächst mit Einachsgeräten begonnen wurde, sieht man einmal vom Bau weniger Geräteträger der ausgehenden vierziger Jahre ab.

Diese Einachser kamen gerade richtig in einer Zeit, wo die Motorisierung kleinbäuerlicher Betriebe erfolgreich umgesetzt wurde, viele Kleinlandwirte sich aber den Kauf eines Vierradschleppers noch nicht zutrauten.

Besonders vorteilhaft, dass Gutbrod auch die passenden Motoren selbst entwickelte und baute, also nicht auf die wenigen am Markt verfügbaren Motoren zurückgreifen musste.

Als Anfang der sechziger Jahre der Kauf der Einachsschlepper merklich nach ließ, wagte man den Sprung, selbst Vierradschlepper herzustellen. Bereits von Anfang verfolgte man die Zielrichtung, neben den kleinbäuerlichen Betrieben auch Gärtner, Landschaftspflegeunternehmen und Kommunalbetriebe anzusprechen. Und wiederum stellten sich beachtliche Erfolge ein, sodass Mitte der sechziger Jahre ein reichhaltiges Angebot bereit stand.

Nachdem ja der Pkw-Bau längst eingestellt war, bediente sich Gutbrod wiederum der Bezeichnung Superior, die nun alle Vierradschlepper kennzeichneten.

Die Rezession der ausgehenden sechziger Jahre erfasste dann aber auch die Gutbrod-Werke, wo nur mit schmerzhaften Entlassungen ein Gesundschrumpfen eingeleitet wenden konnte.

Ein geschickter Werbeerfolg gelang dem Werk mit der Übernahme der Rasenpflege samt den Reinigungsaufgaben während der Olympischen Spiele 1972 in München, wo sich das Unternehmen der bereiten Öffentlichkeit weit über die deutschen Grenzen hinaus präsentieren konnte.

Gutbrod konzentrierte sich neben dem Motormäherbau auf motorgetriebene Gerätschaften für die Bodenbearbeitung und Bodenpflege, und den Kleintraktoren-Bau. Dieser Produktbereich passte hervorragend in die Angebotspalette der Firma Bungartz & Peschke. Hier wurde Gutbrod 1974 eingegliedert.

So wurde der Kleinschlepper Superior Mitte der sechziger Jahre beworben.

Der erste Traktor für den Spaß:

FunTrac von Deutz

Von Marianne Häfner

Eine Alternative zum Geländewagen, der Off-Road-Traktor, ist ganz schwer im Kommen. Der pinkfarbene FunTrac von der KHD Agrartechnik GmbH macht vor der Disco eine genauso gute Figur wie im schwierigen Gelände. Der FunTrac aus Köln ist als Alternative für Camper, Segler, Golfer und andere Freizeitsportler gedacht. Im Verkehr bewegt er sich mit flotten 40 km/h und lässt sich mit einem Wendekreis von 7,20 m (!) sicher in jede Parklücke manövrieren.

Ja, so lautete damals der Werbeprospekt. Und damals: Das war im Oktober 1992, also vor über 15 Jahren. Entdeckt hatte ich ihn auf dem landwirtschaftlichen Hauptfest in Stuttgart, das an das Bad Cannstatter Volksfest angegliedert war. Zugegeben, er machte was her – der wohl erste deutsche Spaß-Traktor, der von einer renommierten Firma hergestellt wurde. Allein die Farbgebung – zweifarbig: Pink zusammen mit einem dunkleren Rot (damals die Farbe der Jugend) – hob ihn erheblich von den gewohnt grünen Deutz-Schleppern der Landwirtschaft ab.

Der Einstieg in den FunTrac, auf jeden Fall bequemer als in den üblichen Pkw. Und die Sitzbank, sie versprach ein bequemes Nebeneinander.

Auch von hinten machte er eine gute Figur. Zudem verfügte er über mehrere Anhängemöglichkeiten.

Anders war auch eine gepolsterte Sitzbank für zwei Personen, die ein bequemes Nebeneinander von Fahrer und Beifahrer erlaubte. Nicht unerwähnt bleiben darf die Übersicht im Straßenverkehr, einmal durch die großzügig bemessenen Fensterscheiben nach allen Seiten und die nach vorne stark abfallende Motorhaube, wie auch die Rundumsicht, die durch das Höhersitzen gegeben war und eine Sicht über jeden Pkw hinweg freigab. Ein Vorteil, der dem Fahrer im dichten Straßenverkehr wie auch bei Rangierarbeiten zugute kam.

Übersicht im Straßenverkehr: hervorragend, und mit keinem PKW zu vergleichen

Ein Vorteil, der sich jedoch schnell zum Nachteil wenden konnte, denn ein Einstellen in der heimischen Pkw-Garage war so nicht mehr möglich.
Sicherlich trug die Straßenbereifung bei Vorder- und Hinterrädern zusätzlich zu einem angenehmeren Fahren bei, als man dies von der groben Stollenbereifung der Landwirtschaft her kennt.
Unter der Motorhaube arbeitete ein luftgekühlter Dieselmotor aus eigener Fertigung, der als Dreizylinder 40 kW bzw. 54 PS leistet, ein mittlerweile millionenfach bewährter Direkteinspritzer-Motor der Baureihe F 3 L 912.

Der Kofferraum ist etwas höher als bei einem Pkw angebracht, doch noch immer gut zu erreichen.

Außerdem besaß der Schlepper ein vollsynchronisiertes, leicht schaltbares Getriebe mit acht Vorwärts- und vier Rückwärtsgängen, eine Differenzialsperre und eine hydraulische Lenkung, womit der FunTrac voll alltagstauglich war und selbst den weiblichen Off-Road-Fans eine echte Alternative zum Zweitauto bot.
Auf der Rückseite über der Anhängevorrichtung in Brusthöhe befand sich ein geräumiger Kofferraum für den Einkauf oder auch den Picknick-Korb, je nachdem, was auf dem Tagesplan stand.

Der FunTrac – die echte Alternative zum Zweitauto

Ja, ob man gemütlich durch die Landschaft zockeln oder sich im Gelände austoben wollte oder ob man mit schwereren Lasten zu rangieren hatte, mit dem FanTrac wollte die KHD eine Lücke bei verschiedenen Freizeitaktivitäten schließen. Ob dies jedoch gelungen ist, bleibt fraglich. Über die Messe hinaus hatte ich nicht mehr das Glück, einem dieser Fahrzeuge zu begegnen, und eine Anfrage im Werk nach den verkauften Stückzahlen blieb leider unbeantwortet. Sollte nun der eine oder andere Leser unter Ihnen mehr über diesen Spaß-Traktor und seine Verbreitung wissen, so freuen wir uns über Ihre Nachricht. ■

Technische Daten:		
Motor		luftgekühlter DEUTZ-DIESELMOTOR
Zylinder/Hubraum	/cm³	3/2827
Nenndrehzahl	1/min	2.500
Leistung	kW/PS	40/54
Tankinhalt	l	83
Leergewicht	kg	2760
Länge/Breite	mm	3.450/2.100
Gesamthöhe mit Lampenaufbau	mm	2.760
Gesamthöhe ohne Lampenaufbau	mm	2.460
Bereifung vorn/hinten		13.06/65-18 / 18.4-26
Wenderadius	m	7,20
Gangzahl vorwärts/rückwärts		8/4
Höchstgeschwindigkeit	km/h	40

Renaissance einer Weltmarke:

McCormick

Von Kurt Häfner

Cyrus Hall McCormick ist einer der bekanntesten Pioniere, wenn es um die landwirtschaftliche Mechanisierung geht – selbst in unserem Land, obwohl seine Wiege in den fernen USA stand. Geboren 1809 in Virginia, baute er eine brauchbare Mähmaschine samt Mähbinder und revolutionierte damit die Gras- und Getreideernte. Aber man sagt ihm auch nach, neben dem Ingenieurwesen Pionierarbeit im kaufmännischen Bereich, im Gebrauch der Werbung vor Ort und in der Gewährleistung geleistet zu haben, stellte er doch schon frühzeitig für jede verkaufte Maschine aus seiner Werkstatt eine Garantieurkunde aus.

MTX – die Elitebaureihe mit Leistungen bis 195 PS

Lange vor der Motorisierung lieferte McCormick Landmaschinen: beispielsweise Getreidemähmaschinen (links) oder Mähbinder (Mitte) für die Getreideernte, beide Maschinen für Pferdezug. Mit dem Aufkommen der Traktoren erfolgte eine Umstellung auf Zapfwellenantrieb und Schlepperzug.

Die Mähmaschine und vor allem das Fingermähwerk waren es, die er entscheidend verbesserte und zu einer brauchbaren Maschine ausbaute, um sie bereits 1851 auf einer Londoner Landwirtschaftsausstellung präsentieren zu können. Und der Mähbinder war es, der die Produktivität der Ernte revolutionierte. Waren davor noch 20 Männer notwendig, um an einem Tag 4 Hektar Getreide zu ernten, so konnten mit dem Mähbinder ganze zwei Männer in derselben Zeit um die 10 Hektar ernten.

Er erkannte die noch ungeahnten Möglichkeiten und ließ seine Erfindungen durch Patente schützen. Der Erfolg belohnte ihn für seine Bemühungen, sodass weitere Entwicklungen landwirtschaftlicher Gerätschaften folgten – immer mit dem Ziel, die oft harte und schweißtreibende Arbeit der Landwirte zu verbessern.

Im Jahr 1884 verstarb McCormick 75-jährig. Er hinterließ ein Unternehmen, das einen Verkauf von nahezu 75.000 Maschinen verbuchen konnte. Dieses Unternehmen führte seine Frau zusammen mit seinem Bruder weiter.

Nur wenige Jahre später, 1902, fand der Zusammenschluss mit

Bereits 1931 konnte McCormick auf eine 100-jährige Firmengeschichte zurückblicken.

Deering, Plano und Milwaukee Harvesting zur International Harvester Company, kurz IHC, statt. Der Name McCormick war in den USA inzwischen weithin bekannt und stand für Qualität und Zuverlässigkeit, er hatte sich zum Markennamen für landwirtschaftliche Maschinen und Gerätschaften entwickelt, und so war es auch fast als selbstverständlich anzusehen, dass die neu gegründete Gesellschaft unter der Schirmherrschaft der McCormick stand.

Mit der Erweiterung 1907 nach Europa ging es zunächst nach Neuss am Rhein, wo ein eigenes Landmaschinenkonzept – zugeschnitten auf den deutschen Bauern und seine Bedürfnisse – entwickelt und gefertigt wurde. Im Angebot stand zunächst ein breites Programm an Mähmaschinen*, Pferderechen, Heuwendern und Schwadrechen. Dazu gesellte sich ab 1930 ein recht fortschrittlicher Heulader, der, hinten am Heuwagen angehängt, diesen von der Rückseite aus belud.

Bereits Mitte der dreißiger Jahre begann man in Neuss mit der Entwicklung von Schleppern, die wiederum speziell auf den deutschen Markt zugeschnitten waren, sodass bereits ab 1937 die ersten Exemplare vom Band liefen.

Auch in Doncaster in Großbritannien gründete die IHC ein neues Fertigungswerk. Hier rollte ab 1949 der McCormick Farmall M als erster Traktor vom Band.

Nach dem Erwerb der IHC durch Tenneco im Jahr 1984 wurde eine neue Firmierung geschaffen: die Case IH. Ab diesem Zeitpunkt rollten die Traktoren mit dem neuen Namen aus den Werkshallen der McCormick, doch der Name selbst lag seit diesem Zeitpunkt brach. In diesem Zusammenhang erfolgte auch die Schließung der Fertigungsstätten in Neuss.

Aber auch diese Konstellation schien nicht von langer Dauer, denn

*Siehe auch Die Mähmaschine in Der Schlepper im Rückblick, Jahrbuch 2006, ab Seite 15.

Bereits 1937 kamen die ersten Schlepper aus Neuss, speziell für deutsche Bedürfnisse konzipiert. Links ein Werbeprospekt der Vorkriegszeit. Darunter die Schlepper der fünfziger- und sechziger Jahre.

Farmall DLD 2

McCormick D 326: Dreizylinder-Dieselmotor mit 26 PS.

Die Traktoren der siebziger Jahre, auf Wunsch mit Allradantrieb, Kabine und 40-km/h-Getriebe, wurden von unseren Landwirten recht gerne gefahren.

Ab 1984 ein neues Unternehmen: die Case IH.

bereits 1999 erwarb New Holland die Case IH und gründete wiederum eine neue Gesellschaft, die CNH.

„Übergroß in den Unternehmungen und in einigen Marktabschnitten als marktbeherrschend betrachtet, wurde von der CNH verlangt, bestimmte Produkte und Aktiva als Unternehmen aufzugeben. Die ARGO-Gruppe, eine Gesellschaft, die vollständig in der Landwirtschaft engagiert und Eigentümer renommierter historischer Marken wie Landini und Laverda [und Fella, Anmerkung der Redaktion] sowie der schnell wachsenden Gesellschaften Pegoraro und Valpadana ist, ergriffen die Gelegenheit und eine Übereinkunft wurde geschaffen.

Die Gruppe kaufte die Fertigungsanlagen in Doncaster, England, zusammen mit den wirtschaftlichen, konstruktiven und Herstellungsrechten an den zwei angesehenen Produktlinien CX und MX-C. Zusätzlich kaufte die Gruppe den Markennamen McCormick und erwarb später das Getriebewerk in St. Dizier, Frankreich, zusammen mit den geistigen Rechten an der Entwicklung der MX Maxxum-Traktorenbaureihe.“**

Seit dem Jahr 2001 werden nun wieder Traktoren gefertigt, die den mittlerweile weltbekannten Namen McCormick tragen. Das Montagewerk besitzt nun ein langes und traditionsreiches, ja fast möchte man sagen berühmtes Erbe, dem es sich mit der Produktion dieser neuen, modernen Traktoren verpflichtet fühlen sollte. Erste Erfolge auf diesem Weg sind auch schon vorzuweisen, denn zahlreiche Auszeichnungen für Qualität, Teamwork, Schulung, Gesundheit und Sicherheit – und nicht zuletzt für die Umweltfreundlichkeit – kann das neue Unternehmen bereits vorweisen.

Kein Wunder, denn McCormick hat sich auf die Fahne geschrieben, selbst mit den neuen Traktoren des 21. Jahrhunderts den Werten treu zu bleiben, mit denen einst Cyrus Hall McCormick seinen Erfolg begründen konnte. Dies bedeutet: keine Kompromisse in der Qualität. Es gewährleistet strikte Befolgung einiger der anspruchvollsten Fertigungsstandards in der Industrie. Und nicht zuletzt wird die neue Botschaft verkündet, ständig steigende Produktivitätsgrade für die Kundschaft zu erreichen.

Wie jedoch noch rechtzeitig vor Redaktionsschluss zu erfahren war, will die Argo das 2001 erworbene englische McCormick-Werk in Doncaster zum Jahresende 2007 schließen und die Produktion in die italienischen Werke verlagern.

Als Grund werden die hohen Ansprüche des Marktes in Bezug auf Wirtschaftlichkeit und Flexibilität genannt, die eine nachhaltige

**Zitat aus dem McCormick-Werksprospekt McM025/0702G

Umstrukturierung des McCormick-Geschäfts notwendig machen würden – so der Tenor von Argo.
Doch nicht alle unter dem Namen McCormick vertriebenen Traktoren kamen aus englischer Fertigung, auch die Landini-Fertigungsstätten beispielsweise lieferten schon bisher einen Teil der Angebotspalette. Derzeit (Stand zum Jahresende 2006) bietet das Unternehmen eine breit angelegte und reichhaltige Produktpalette verschiedener Baureihen an Traktoren für alle land- und forstwirtschaftlichen oder artverwandten Einsatzgebiete.

Das Angebot: GX und GXH-Reihen

Zunächst gibt es die GX- und GXH-Baureihe, Kleinschlepper für die Rasenpflege, für Plantagen und Weinberge, den Kommunalbereich oder sonstige Anwendungen im landwirtschaftlichen Freizeitbereich. Es gibt Wahlmöglichkeiten zwischen hydrostatischen oder mechanischen Getrieben und moderne Motoren nach dem neuesten Stand der Technik.

Die VF-Baureihe von 54 bis 93 PS

Die VF-Baureihe bietet Leistungsklassen mit 54, 65, 68, 80, 88 und 93 PS und wird in 57 Varianten angeboten. Hier wird zwischen den V-Schleppern für den Weinbau und den F-Schleppern für den Obstbau unterschieden, die sehr manövrierfähig sind und einen großen Leistungsbedarf bei hoher Standsicherheit für schwere Geräte bieten.

Die G-Serie

Die G-Serie bietet den allradgetriebenen Minischlepper, wiederum wählbar zwischen dem mechanischen oder hydrostatischen Antrieb und jeweils einer Zapfwelle vorne und hinten für den Gartenbau, den Einsatz in Gewächshäuser, für den Lohnunternehmer oder für Kommunalbetriebe.

Baron von Süßkind-Schwendi schwer erkrankt

Museum geschlossen

Seit 1994 war sie der Öffentlichkeit zugänglich, und sie war eine Attraktion nicht nur in der Region Schwendi - Ochsenhausen, südlich von Ulm: die Sammlung alter Bulldogs, Schlepper und Gerätschaften des Freiherrn von Süßkind-Schwendi in Schwendi-Orsenhausen. Gerne schauten Sammler und Liebhaber aus der ganzen Republik und dem benachbarten Ausland vorbei, um ein paar schöne Stunden zu erleben oder sich einfach nur zu informieren. Dies belegt ein Blick in das mit viel Liebe geführte Museums-Gästebuch.

Auch wir vom „Schlepper im Rückblick" waren mehrmals zu Gast und berichteten in der Jahresausgabe 2003 recht ausführlich über diese Sammlung. Gerne erinnern wir uns dabei an den warmherzigen Empfang durch den Barons von Süßkind, der es sich nicht nehmen ließ, uns jedes Mal persönlich durch seine Sammlung zu führen und uns die Neuheiten und Attraktionen vorzuführen.
Doch damit ist es nun vorbei!
Im Dezember 2005 suchte den mittlerweile 87-jährigen Herrn eine schwere Krankheit heim, von der wohl keine völlige Genesung mehr zu erwarten sein wird. Seit dieser Zeit ist er an den Rollstuhl gefesselt und kann seiner mit großer Leidenschaft betriebenen Lieblingsbeschäftigung nicht mehr nachkommen: Besucher durch sein Museum zu führen, mit ihnen zu reden, zu plaudern und dabei Neues aus alter Zeit zu erfahren und zu vermitteln.
Das Museum ist in seiner Gesamtheit erhalten und wird, so hofft man in der Familie, eines

Tages wieder der Öffentlichkeit zur Besichtigung zur Verfügung stehen.
Wir wünschen dem Herrn Baron alles Gute und einen schönen und lohnenden Lebensabend.

Etwas ganz besonderes wird mit der T-Baureihe mit sieben Modellen und Leistungen von 76, 78, 88 und 93 PS geboten: Es sind Raupenschlepper, zugeschnitten für

Etwas Besonderes: Die T-Baureihe

landwirtschaftliche Einsätze in Steillagen oder bei schwierigen Bodenverhältnissen. Aber auch Frontladerarbeiten lassen sich genauso erledigen wie Arbeiten in der Industrie. Ergänzend steht eine TF-Ausführung zur Verfügung, die mit unterschiedlichen Kettenausführungen erhältlich ist.

Für den landwirtschaftlichen Betrieb steht die CX-Baureihe an erster Stelle, die mit ihren Vierzy-

Baureihe der CX u. MC-Traktoren

lindermotoren den Leistungsbereich mit 73, 84, 90 und 102 PS abdeckt. Hinzu kommen drei unterschiedliche Getriebevarianten mit bis zu 24 Vor- und Rückwärtsgängen.

Darüber steht die MC-Baureihe, die als optimale Kombination aus Leistung, Geschwindigkeit und Wendigkeit beworben wird. Zum Einbau kommen – so die Werbung – erprobte und leistungsstarke Turbo-Dieselmotoren mit Nenndrehzahlen von 2.200 U/min, die den Leistungsbereich von 84, 90, 102 und 115 PS abdecken, und mit einem gut abgestimmten Vierstufen-Powershiftgetriebe mit Nasskupplung, die in allen Betriebsfunktionen eine ideale Arbeitsmaschine bieten.

MTX-Traktoren Elte aller Baureihen

Als Ergänzung kommen hierzu noch zwei Sechszylinder-Maschinen mit 115 und 132 PS. Sie stehen jenen Betrieben zur Wahl, für die der große Vierzylinder-Schlepper zu schwach ist.

Die Elite aller Baureihen aber findet sich in der MTX-Baureihe mit den Leistungen von 118, 132, 147, 163, 176 und 195 PS. Sie ist darauf ausgelegt, eine Vielzahl von Einsatzgebieten wirtschaftlich abzudecken. Versprochen wird Zuverlässigkeit und Haltbarkeit. Auch hier gibt es erprobte Motoren, gummigelagert in einem Chassis, um den Fahrkomfort und die Lebensdauer zu erhöhen, die Umgebungsgeräusche dagegen zu minimieren. Ein Vierstufen-Powershiftgetriebe, kombiniert mit einer Gruppenschaltung und einer Soft-Schaltung in der vierten Gruppe, ermöglicht dem Fahrer ein Schalten selbst unter Volllast – ohne anzuhalten – innerhalb von vier Gangstufen. ■

„Off Road"-Award:

Unimog ist bester Geländewagen von 2007

Neues aus dem Hause Daimler-Chrysler

Über 50.000 Leser der Fachzeitschrift „Off Road" wählten den Mercedes-Benz Unimog unter 80 Fahrzeugen zum besten Geländewagen des Jahres in der Kategorie „Sonderfahrzeuge". Ganz vorne finden sich auch die Fahrzeuge der G-Klasse: Sie wurden Sieger in der Kategorie der „Klassiker".

Bereits zum dritten Mal wurde der Mercedes-Benz Unimog von den Lesern der Fachzeitschrift „Off Road" zum besten Geländewagen des Jahres in der Kategorie Sonderfahrzeuge gekürt. Die Auszeichnung Geländewagen des Jahres 2007 der Kategorie Sonderfahrzeuge erfolgte auf Basis der in der Oktober-Ausgabe des traditionsreichen Münchner Allrad-Magazins in insgesamt acht Kategorien zur Wahl gestellten geländegängigen Fahrzeuge. Bereits am 8. Februar 2007 fand die Preisverleihung mit den gläsernen Off-Road-Obelisken bei einer Abendgala im Münchner Theaterzelt Das Schloss in feierlichem Rahmen statt.

Über 56.000 Leser haben aus den 80 ausgeschriebenen Fahrzeugen die Sieger gewählt, wobei Mercedes-Benz-Fahrzeuge gleich zweimal ganz vorn zu finden waren: Der Unimog belegt bei den Sonderfahrzeugen mit überragenden 59 % der Leserstimmen den ersten Platz, und der Mercedes G siegte in der Kategorie der Klassiker.

Links auf dem Bild zu sehen ist ein Vertreter der Baureihe Geräteträger U 300 – 500, rechts ein Unimog der hochgeländegängigen Baureihe U 3000 – 5000.

Diese seit Herbst 2002 in Wörth produzierte Baureihe U 3000 bis U 5000 ist für schwierigste Einsätze abseits aller Straßen und Wege konzipiert. ■

Liebe Leser,

der Göpel, ein Getriebe zur Umsetzung tierischer Kraft in Drehbewegung als Antrieb landwirtschaftlicher Maschinen, ist eine längst überalterte Technik. Dennoch gibt es viele Oldtimerfreaks, die sich für diese Technik interessieren. Auf vielfachen Wunsch finden Sie deshalb auf den folgenden Seiten nochmals den Bericht „Der Göpel" aus dem Jahrbuch 1998.

Als es noch keine Motoren in der Landwirtschaft gab:

Der Göpel

Technisches und Geschichtliches
von Kurt Häfner

Fragt man in heutiger Zeit einen jüngeren Menschen nach einem Göpel, so erhält man meist ein Achselzucken als Antwort oder vielleicht auch den Hinweis auf ein altes Fahrzeug, ein ausrangiertes Auto oder Motorrad. Doch handelt es sich dabei nicht um diese Art von Göpel, die hier angesprochen werden soll. Der Göpel ist eine Vorrichtung, um Muskelkraft von Mensch oder Tier in eine drehende bzw. rotierende Bewegung zu versetzen, die dann auf eine Maschine übertragen und zu deren Antrieb genutzt werden kann.

Am Anfang stand eine in einem Gebäude senkrecht montierte Welle, Stange oder auch ein Balken, der oben und unten drehbar gelagert war. Auf Brusthöhe war ein Querbalken angebracht und stabil mit der senkrechten Welle verbunden. Stellte sich nun ein Mensch hinter den Querbalken und schob diesen vor sich her, so wurde die Welle in Drehung versetzt.
Je weiter sich nun dieser Mensch von der Drehachse entfernt aufstellte, je größer war der Hebelarm und damit das Drehmoment, das er beim Schieben auf die Welle abzugeben imstande war. Um so größer wurde aber auch der Weg, der abgeschritten werden mußte und damit die Zeit je Umdrehung. Doch mit dieser Vorrichtung war es auf einfache Weise möglich, eine rotierende Bewegung herzustellen und gleichzeitig Kraft auf diese auszuüben. Koppelte man nun eine kleine landwirtschaftliche Maschine mit der senkrechten Welle, so konnte diese Maschine in Bewegung gesetzt und eine Arbeit verrichtet werden.
Damit aber der Antrieb nicht nur dieser Maschine vorbehalten blieb, war die Montage einer Riemenscheibe am oberen Ende der Welle eine wesentliche Verbesserung, denn nun konnten durch Umlegen eines Riemens verschiedene Maschinen angetrieben werden. Man denke nur an eine Dreschmaschine oder Futterschneidmaschine.
Diese Vorrichtung nannte man „Handgöpel“. Doch gab es auch die größeren, stabileren Ausführungen für den tierischen Antrieb. Sie nannte man „Pfer-

So darf man sich einen Handgöpel vorstellen, wie er vor der Motorisierung in unserer Landwirtschaft zu finden war.

Diese Bauart nannte man Pferdegöpel. Ursprünglich wurde die Kraft vom Pferderücken abgenommen, später setzte man den Querbalken auf Kniehöhe und verwendete Waagscheite.

degöpel“. Die arbeitenden Tiere, Kühe, Ochsen oder Pferde, wurden vor den auf Kniehöhe angebrachten Querbalken, den „Schwengel“, gespannt und setzten beim Ziehen den Göpel in Bewegung. Die Tiere wie auch der Mensch schritten immer im Kreis, auf der sogenannten „Rennbahn“. Es ging immer darum, die Kraft in eine rotierende Bewegung umzusetzen und an eine Maschine weiterzuleiten, die allerdings in ihrer Bauart größer war und mehr Kraftbedarf beanspruchte.

Noch heute kann man auf älteren Anwesen das „Göpelhaus“ oder auch die „Göpelhütte“ finden, obwohl der Göpel selbst schon längst abmontiert, der Verwendungszweck des Gebäudes ein ganz anderer geworden ist. Mehrfach konnte ich es schon erleben, daß der Junglandwirt das Göpelhaus auf seinem Hof recht gut kennt, ohne sich jedoch der einstigen Bedeutung bewußt zu sein. Auf großen Anwesen war früher oft auch der Dreschgöpel zu finden.

Es waren schwere Konstruktionen mit einem Kraftbedarf von mehreren Tieren und fest eingebauten Dreschmaschinen oder Dreschvorrichtungen. Nicht selten gingen solche Konstruktionen über mehrere Stockwerke, so daß ein ganzes Gebäude nur für diesen Dreschgöpel beansprucht wurde. Hier muß man sich einen schweren, bearbeiteten Baumstamm als Antriebswelle vorstellen, der über drei Stockwerke reichen konnte.

Der eigentliche Dresch- und Kornreinigungsvorgang konnte dabei zwei Stockwerke beanspruchen. Aus dem untersten Stockwerk kam der Antrieb. Hier waren bis zu acht Pferde in Vierergruppe und Zweierreihe vor die Querbalken des Baumstammes gespannt, um diesen in Bewegung zu halten. Der Antrieb zum Dreschen und Reinigen wurde dabei jeweils im entsprechenden Stockwerk direkt von der Baumstamm-Welle abgenommen.

Der große Nachteil dieser Bauarten lag in der stationären Bauweise. Immer war ein größerer Raum oder auch ein komplettes Gebäude notwendig, um die Göpelmechanik unterzubringen. Diese Gebäude standen dann für andere Zwecke nicht mehr zur Verfügung.

Ebenso mußten die anzutreibenden Maschinen immer in Reichweite einer Riemenlänge stehen. Große Transmissionsanlagen kannte man zunächst noch nicht. Meist stand nur Holz als Werkstoff zur Verfügung, aus denen die Wellen und Riemenscheiben gefertigt werden mußten. Stahlwellen waren auf dem Land nur in wenigen Fällen vorhanden. Diese Bauweise verursachte

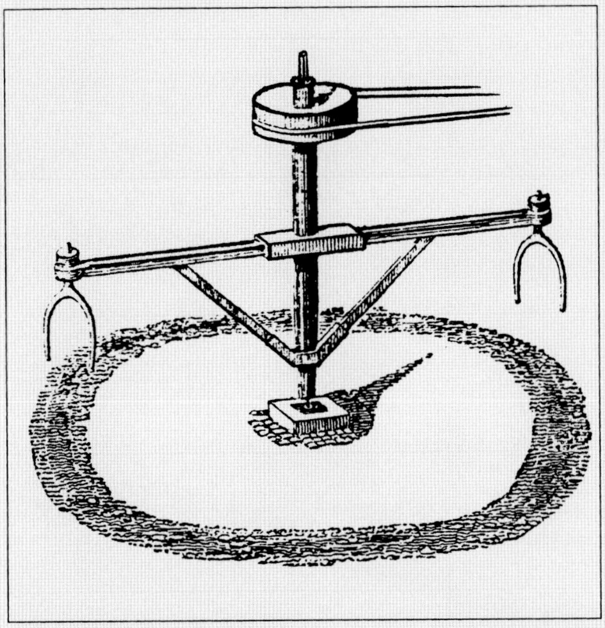

Schematische Darstellung eines Pferdegöpels mit senkrechter Welle, Riemenscheibe und Schwengel. Deutlich sichtbar auch die Rennbahn.

Schematische Seitendarstellung eines Vierpferdigen Glockengöpels der Firma Eckert aus Berlin. Mit der Entwicklung dieses Göpels war ein großer technischer Schritt gelungen. Die Verbreitung begann erst zur Mitte des neunzehnten Jahrhunderts.

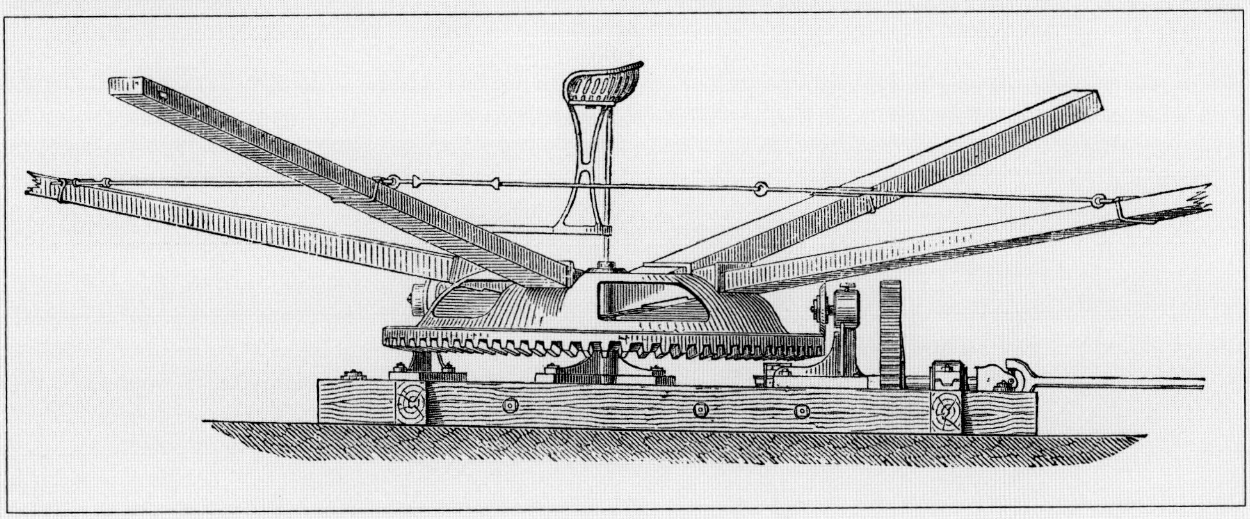

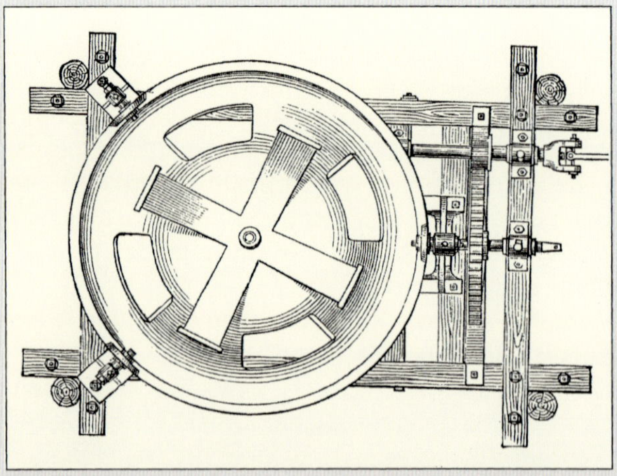

So zeigt sich er Eckert-Glockengöpel von oben. Deutlich sichtbar die Laufrollen zur Unterstützung des Glockenrades, sowie die doppelte Getriebeübersetzung mit Kardangelenk.

natürlich große Reibungsverluste und erforderte deshalb einen großen Kraftbedarf. Ein weiterer großer Nachteil lag aber auch in der Abgangsdrehzahl, die mit der Umlaufgeschwindigkeit der Tiere gleich war: Hatten die Tiere einen Kreis abgeschritten, stand eine Umdrehung an der Vorrichtung zur Verfügung. Nur wenn der Abtrieb über einen Riementrieb ging, war eine Erhöhung der Drehzahl durch Verwendung unterschiedlich großer Riemenscheiben möglich. Hier war man aber bei einer Übersetzung von 1:3 schon im oberen Bereich angelangt.

Erst zur Mitte des vergangenen Jahrhunderts hin kam der transportable Göpel auf. Die Maschinenfabrik Eckert in Berlin dürfte dabei eine der ersten Fabriken gewesen sein, die zumindest in Deutschland mit dem Bau dieser Göpelart große Erfolge verbuchen konnte. Es war der Glockengöpel, geprägt durch das große Glockenrad.

Das Aussehen des neuen Göpels hatte sich wesentlich zu dem seiner Vorgänger geändert. Er verfügte nun über ein komplettes, offenes Getriebe mit gußeisernen Zahnrädern und Wellen. Damit konnte der langsame Gang der treibenden Tiere in eine wesentlich schnellere Drehzahl umgesetzt werden.

Auf dem Glockenrad waren Halterungen angebracht, an denen die hölzernen Göpelarme für den Tierzug befestigt waren. Darauf aufbauend, war bei

Mit 110 Mark war dieser ein- bis zweipferdige Vollgußgöpel 1885 der preiswerteste aus dem LANZ-Programm. Er hatte eine Übersetzung von 1:55 und konnte bereits 14 000mal verkauft werden.

Ebenfalls bis zu zwei Pferden konnten vor diesen Göpel gespannt werden. Er war mit einem Hartholzrahmen versehen und hatte eine Übersetzung von 1:80.

Dieser kräftige Doppelbügel-Göpel gestattete den Einsatz von vier schweren Pferden zum Antrieb der größten Göpel-Dreschmaschinen.

Unten eine Auswahl der zur Verfügung stehenden Zwischengestelle. Damit konnte die Drehzahl weiter erhöht, der Kraftfluß in eine andere Richtung gelenkt sowie auf einen Riementrieb gewechselt werden.

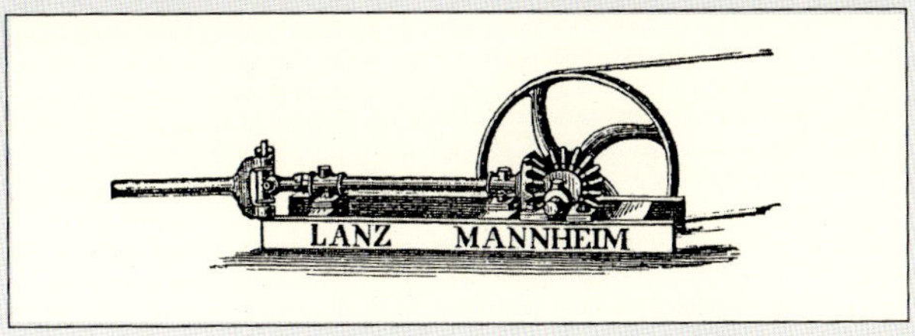

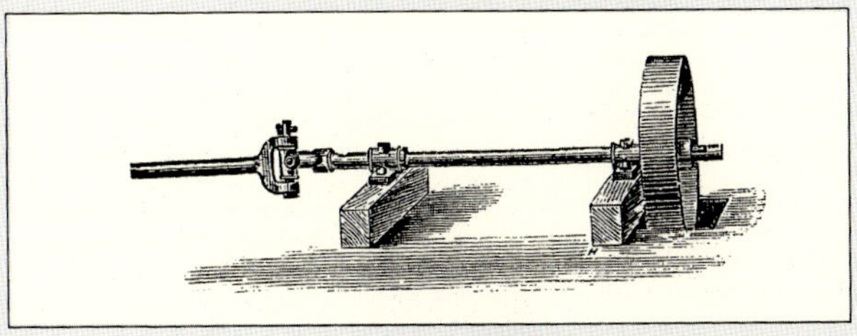

manchen Göpeln dann noch ein Sitz zu finden, auf dem der „Kutscher“ Platz nehmen und die Zugtiere überwachen konnte.
Das Glockenrad drehte sich auf einer fest mit dem Rahmen verbundenen Welle und war zusätzlich durch drei Laufrollen am Umfang gehalten. Der große Außendurchmesser am Glockenrad war mit einer Verzahnung versehen, von wo aus ein kleines Zahnrad angetrieben und in schnelle Drehung versetzt wurde. Von hier ging der Antrieb in direkter Verbindung durch eine Stahlwelle wiederum auf ein großzahniges Zahnrad.
Eine zweite Stahlwelle, ebenfalls mit aufgesetztem kleinzahnigen Zahnrad griff in das große, das schneller drehende Rad und wurde dabei nochmals beschleunigt, so daß eine Gesamtübersetzung von bis zu 1:80 gewonnen werden konnte. Das heißt, schritten die Tiere die Rennbahn einmal ab, so drehte sich die Ausgangswelle 80mal.
Der Abtrieb ging dann über ein Kardangelenk, damals noch „Universalgelenk“ genannt, über eine Stahlwelle bis zur anzutreibenden Maschine weiter. Glockenrad, Laufrollen, Getriebewellen und Wellenlager waren auf einem hölzernen Rahmen aufgebaut, sodaß der komplette Göpel eine kompakte Einheit bildete.
Der große Vorteil der neuen Bauart lag in der Beweglichkeit des schnellen Ortswechsels. So war er nicht mehr auf den festen Einbau in einem Gebäude angewiesen, sondern konnte genauso neben einem Gebäude oder auf freiem Feld aufgestellt werden. Mit einem Fahrgestell war ein unbeschwerlicher Transport an den jeweiligen Einsatzort möglich geworden.
Ein paar Erdnägel reichten aus, um ihn nach dem Abmontieren des Fahrgestells auf dem Boden zu befestigen. Außerdem stand eine Reihe unterschiedlicher „Zwischengestelle“ zur Auswahl, um den Kraftfluß vom Göpel auf die anzutreibende Maschine zu erleichtern. Sie ermöglichten eine

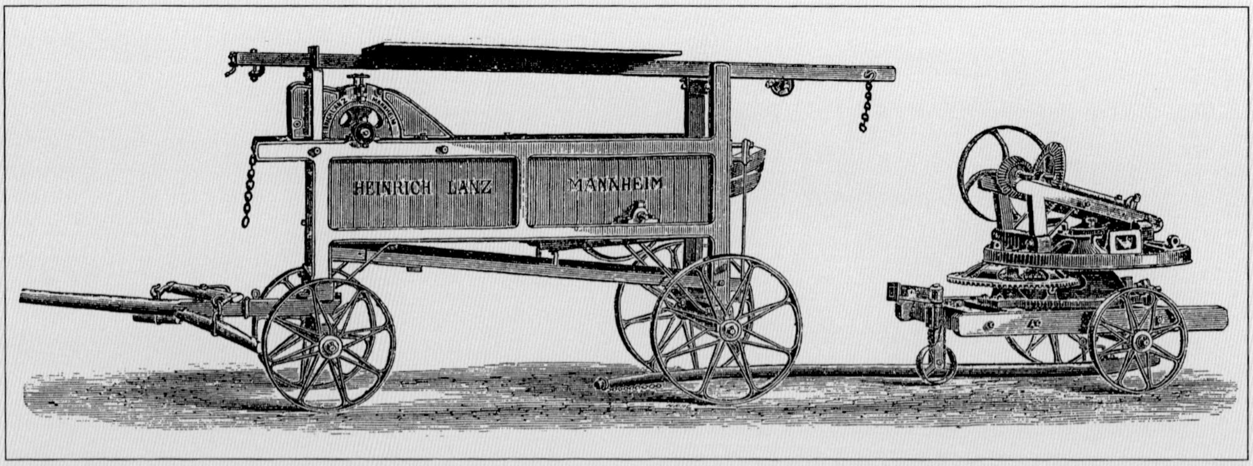

Eine Göpel-Dreschgarnitur mit Zwischengestell für den Transport bereitgestellt.

weitere Drehzahlsteigerung bis zum Zweieinhalbfachen, so daß schließlich eine Gesamtübersetzung von 1:200 erreicht werden konnte, ferner eine Richtungsänderung für Antriebe um Ecken oder auch den Übergang von einer festen Stahlwelle auf einen Riementrieb.

Mit der Entwicklung des Glockengöpels war ein großer technischer Schritt gelungen, der dann aber zur Jarhundertwende hin einen Entwicklungs-Stillstand erfuhr. Einen Stillstand, der nicht zuletzt durch die Verbreitung der Dampfmaschinen auf landwirtschaftlichen Anwesen, der Verbreitung der ersten Verbrennungsmotoren und auch der Elektromotoren verursacht war. Nur noch Detailverbesserungen, Artenvielfalten, Unfallschutzverbesserungen und auch kompaktere Bauweisen waren die Schwerpunkte der Entwicklungen der folgenden Jahre.

Eine große Unfallgefahr beispielsweise stellte bei den ersten Göpelgenerationen die direkte Koppelung von Antriebs- und Arbeitsgerät dar. Kam beispielsweise während der Arbeit ein Pferd ins Stolpern oder auf andere Art aus der Bahn, so schob bzw. schlug der Zugbalken mit dem ganzen Schwungmoment der getriebenen Maschine von hinten auf das Tier ein und verletzte es mitunter schwer. Nachfolgende Tiere konnten nicht ausweichen und stürzten dann auf das am Boden liegende Tier, so daß Unfälle mit schweren Verletzungen passierten. Die neuen Göpel dagegen waren mit einer „Überholkupplung" oder einer „Ratschenkupplung" ausgerüstet, womit diese Unfallgefahr ausgeschlossen war.

Kam hier ein Zugtier aus der Bahn und der Göpel dadurch zum plötzlichen Stillstand, so war der Kraftfluß zur Maschine sofort unterbrochen, die Maschine konnte in Ruhe auslaufen. Mancher Hersteller nannte den Göpel mit Kupplung auch „Sicherheitsgöpel".

Daneben gab es noch den „Sicherheits-Glockengöpel", den „Bügelgöpel", den „Doppelbügelgöpel", den „Bockgöpel", den „liegenden Sicherheitsgöpel" oder einfach nur den „liegenden Göpel", doch alle waren sie nach dem Muster des Glockengöpels aufgebaut. Ein weiteres Merkmal des Fortschritts war auch die Ganzmetallbauweise.

Eine moderne Dreschgarnitur von 1880, bestehend aus Dreschmaschine mit Strohschüttler, Schüttelwerk, Sieb und Reinigungsapparat, einem Zwischengestell und einem vierpferdigen Göpel zum Dreschen aufgebaut.

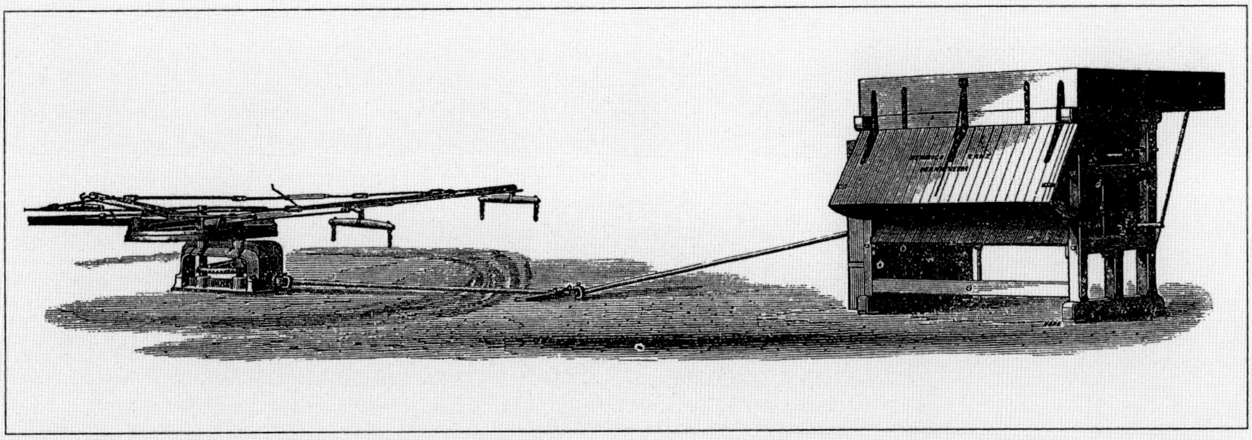

Eine betriebsbereite Dreschgarnitur, bestehend aus einem Doppelbügel-Göpel und einer Schlagleisten-Breitdreschmaschine. Der Antrieb erfolgt hier direkt über Wellen.

Bei häufigem Betrieb über Jahre gingen die Holzgestelle immer wieder aus dem Leim oder fingen auf nassem Untergrund zu faulen und zu modern an.
Hier zeigte sich der Vorteil der aus stabilem Profilstahl genietete Rahmenbauweise. Die noch moderneren Maschinen waren sogar mit einem „Gußfuß“, einem kompakt gegossenen Unterteil, ausgerüstet. Der große Vorteil dieser Ausführungen war darin zu sehen, daß die Gleitlager der Wellen nicht mehr als separate Lagerböcke auf den Rahmen geschraubt werden mußten, sondern direkt in den Gußfuß gebohrt werden konnten. Der moderne Göpel erforderte damit immer weniger Platz zum Aufstellen.
Mancher Betreiber eines Glockengöpels sah es damals als Nachteil, daß die Antriebswelle ebenerdig abgeleitet wurde und bei jeder Umkreisung von den Zugtieren überschritten werden mußte. Sie sahen darin eine mögliche Unfallquelle, konnten die Tiere doch an der Erhöhung stolpern. Dafür stand der Säulengöpel zur Verfügung. Er war ähnlich dem Glockengöpel aufgebaut, doch mit dem Unterschied, daß sich aus der Glockenradlagerung heraus eine Säule nach oben fortsetzte. Innerhalb dieser Säule führte die Kardanwelle nach oben in ein weiteres Getriebe, meist ein „Tellerradtriebwerk“. Am Ende war eine Riemenscheibe montiert, die sowohl waagerecht als auch senkrecht gewählt werden konnte. Mancher weiß zu berichten, daß sich der Säulengöpel in manchen Gegenden besser durchgesetzt habe als der liegende Göpel.
Mag dies auch richtig sein, so ist doch bekannt, daß die Verkaufszahlen der liegenden Göpel um ein Vielfaches höher lagen, als die der Säulengöpel.
Mit ihren hohen Säulen entwickelten sie während des Betriebs einen großen „Hebelarm“, der auf die vergleichsweise kleine Standfläche wirkte und deshalb eine weitaus stabilere Verankerung auf dem Boden verlangte. Wurde er aber fest in einem Gebäude integriert, so hatte er den großen Vorteil, daß der Abtrieb im darüberliegenden Stockwerk abgenommen werden konnte.
Die Blütezeit der Glockengöpel waren die siebziger, achtziger und neunziger Jahre des neunzehnten Jahrhunderts. Hier hatten sie den höchsten technischen Stand erreicht und wurden zu vielen

Eine leichte Dreschgarnitur für Antrieb bis zu zwei Pferden.

Ein Säulengöpel mit Glockenrad und vertikalem Abtriebsrad. Die zweite Getriebeübersetzung erfolgte hier über ein Kegel- und Tellerradgetriebe auf der oberen Ebene. Die Säulengöpel gab's in zweipferdiger, vierpferdiger und sogar in sechspferdiger Ausführung.

Zweipferdige Dreschgarmitur mit Säulengöpel und horizontalem Antriebsrad.

Tausenden verkauft. Viele Hersteller landwirtschaftlicher Maschinen mit eigener Gießerei hatten Göpel im Programm, teilweise in reichhaltiger Auswahl.

So beispielsweise bot Lanz in Mannheim, damals als einer der größten Hersteller landwirtschaftlicher Maschinen, 1885 zwölf verschiedene Ausführungen an, wovon die kleinste Ausführung schon 14 000mal(!) verkauft werden konnte. Interessant auch der Preis, der von 110 Mark für den einfachen, einpferdigen Ganzmetall-Göpel bis zu 375 Mark für den stabilen vierpferdigen Doppelbügelgöpel mit Holzrahmengestell reichte.

Für runde 200 Mark war ein mittlerer Säulengöpel zu haben, und für weitere 10, 20 oder 44 Mark ein entsprechendes Zwischengestell. Ein Fahrgestell kostete je nach Ausführung des Göpels von 20 bis über 70 Mark, eine Deichsel mit Waagscheit nochmals 12 Mark.

Je weiter die Anfangsjahre des zwanzigsten Jahrhunderts fortschritten, je mehr gingen die Verkaufszahlen zurück, doch die Kriegsjahre und die Notzeit der ersten Nachkriegsjahre des Ersten Weltkriegs führten nochmals zu einem kurzen Aufleben.

So gab es auf der DLG-Ausstellung 1921 in Leipzig, der ersten großen Nachkriegsausstellung, immerhin noch sechs Hersteller, die zusammen etwas weniger als 20 verschiedene, zum Teil kugelgelagerte Ausführungen anboten.

Hier kostete ein Göpel mittlerer Größe rund 17 000 Mark. Fünf Jahre später waren diese Angebote gänzlich auf den großen Ausstellungen verschwunden.

Doch ist bekannt, daß in manchen Gegenden Deutschlands vorwiegend auf kleineren Höfen die Göpel bis in die Jahre des Zweiten Weltkriegs in Betrieb waren. ■

Traktorfahrer helfen Traktorfahrern

Mit dem Schlepper reisen

Eine Mitteilung unserer Schweizer Schlepperfreunde

Wer hat sich nicht schon einmal überlegt, mit dem Traktor eine Reise zu machen? Schön gemächlich und gemütlich zu tuckern und alle Zeit der Welt zu haben, um sich die Gegend anzuschauen. Wenn nur das leidige Suchen nach geeigneten Übernachtungsplätzen nicht wäre. Auf viele Campingplätze darf man gar nicht hineinfahren, weil die Besitzer Angst um ihre Wiesen haben, und oft muss man dann, auch wenn man außerhalb auf den Parkplätzen übernachtet, doch gleich viel bezahlen wie im Areal selber.

So entstand die Idee, europaweit eine Liste zu erstellen, auf der sich jeder eintragen kann, der für solche Reisenden ein Plätzchen bieten kann. Das Ziel ist, flächendeckend solche Möglichkeiten zu finden.

Somit kann auch das „Wild-Campieren“ vermieden werden. Es ist nicht nur gefährlich, sondern an vielen Orten auch verboten. Es muss kein Luxus sein. Eine kleine Wiese mit einem kleinen Bach oder Brunnen reicht grundsätzlich schon aus. Es darf aber auch mehr geboten werden, wie zum Beispiel Duschen oder Frühstück (natürlich gegen Entgelt).

Was natürlich unbezahlbar ist, sind die Freundschaften, die auf diese Weise geknüpft werden können. Selbstverständlich sei auch freigestellt, den auswärtigen Traktorfreunden etwas zu bieten, indem man andere Freunde aus der Nähe zu einem gemütlichen Beisammensein einlädt oder mit den Gästen die Sammlung eines anderen besucht. Auch kann man die Reisenden ein Stück begleiten, entgegenfahren oder ihnen Tipps geben, welche Strecke sie fahren sollen.

Wenn Notfälle eintreten, sollte man sich auch an Listenmitglieder in der Nähe wenden dürfen, denn in einem fremden Land ist dies ebenfalls sehr wichtig. Es ist beim Start und während einer solchen Reise beruhigend, wenn man Adressen hat, die man kontaktieren darf.

So wäre es schön, wenn sich möglichst viele auf der Liste einschrieben. Diese wird in der „Diesel-Post“ und in der Agro-Classic veröffentlicht. Auch darf die Liste gerne an Freunde in Italien, Frankreich, Österreich usw. weitergeleitet werden. Vielleicht lassen sich auch dort ein paar Traktoren-Freaks finden, die sich eintragen.

Meldet euch bei Bernadette Grob, Schönenbergstrasse 26, CH-8816 Hirzel, Telefon 0041 44 780 36 86, Handy 0041 79 418 45 80, E-Mail: grob.family@bluewin.ch

Gute Reise! ■

Alpenland-Schlepper mit Kraftheber

Von Stefan von der Ropp-Brenner

Um das Jahr 1950 war der größte Teil unserer deutschen Ackerschlepper neben einer Zapfwelle und einer Anhängerkupplung lediglich mit einer festen Ackerschiene ausgerüstet. Eine Kraftheber-Anlage konnte zu dieser Zeit – von sehr wenigen Ausnahmen einmal abgesehen – nur als Sonderwunsch gegen Aufpreis bei einigen Schlepperherstellern bestellt werden.

Der Landwirt konnte dann oftmals zwischen einem mechanischen Kraftheber, einem pneumatischen Kraftheber-System und einer hydraulischen Kraftheber-Anlage wählen. Außerdem gab es den einfach wirkenden Kraftheber, der das jeweilige Arbeitsgerät, wie z.B. einen Pflug, lediglich anheben konnte. Das Senken erfolgte hier durch das Eigengewicht des Gerätes. Es gab aber auch den doppelt wirkenden Kraftheber, der beispielsweise den Pflug nicht nur anhob, sondern auch mit der gleichen Kraft in den Boden drücken konnte.

Bei den Kraftheber-Anlagen gab es die Vierpunkt- und die Dreipunkt-Aufhängung, wobei sich die Dreipunkt-Aufhängung bis in die heutige Zeit durchsetzen konnte.
Beim Alpenland-Schlepper kam ein mechanisch betätigter Kraftheber zum Einsatz. Eine Lösung, die bereits bei den Motortragpflügen und bei Hubeinrichtungen an Anhänge-Pflügen zu Beginn der Mechanisierung unserer Landwirtschaft zu finden war. Durch die Drehbewegung der Schlepperzapfwelle wurde die Gewindespindel eines entsprechenden Gestänges in Drehung gebracht und somit in Hubarbeit umgewandelt. Die waagerecht liegende Schraubspindel beförderte beim Drehen den einen Arm eines Hebels mit feststehendem Scheitelpunkt in der Fahrtrichtung nach vorn bzw. nach hinten, sodass sich das Ende des Winkelarmes mit dem hier befestigten Arbeitsgerät hob und absenkte. Dieses Kraftheber-System, das bereits zu jener Zeit serienmäßig an jedem Alpenland-Schlepper angebaut war, konnte sich in unserer Landwirtschaft jedoch nicht durchsetzen. ■

15-PS-Alpenland-Dieselschlepper

Linke Seite: Demonstration der Zugkraft eines 25-PS-Schleppers mit Baumzange am Hubrohr für Werbeaufnahmen. Darunter die letzte Werkskontrolle eines Schleppers vor der Auslieferung.

Adolf Köck auf dem Rossacher Hof:

Bulldogfahrer aus Leidenschaft

Von Helmut Bader

Es war im vergangenen Jahr, in der letzten Ausgabe des „Schlepper im Rückblick", als wir einiges über Adolf Köck und seine Erlebnisse mit den NSU-Kettenkrädern auf dem Rossacher Hof erfahren durften. Diese Erlebnisse sollen hier nun ihre Fortsetzung finden: ab dem Jahr 1964 und mit den damals vorhandenen, teilweise modernen Maschinen.

Zwanzig Jahre war Adolf alt, als er auf dem Rossacher Hof als Fahrer anfing – voller Tatendrang wie die übrigen Kollegen auch. Mit allem wurde experimentiert, weil der Pächter zwar traditionell Hohenheim-studierter Landwirt, aber allem Neuen trotzdem äußerst aufgeschlossen gegenüberstand. Im Schlepperbestand, mit dem es Adolf zu tun hatte, befanden sich noch drei Lanz-Bulldogs, die mit Ersatzteilen aus ausgemusterten Exemplaren versorgt wurden, neben mehreren modernen Schleppern, wie den zwei neu angeschafften Schlüter-Schleppern, einem Hanomag und einem McCormick, und es gab mehrere moderne Erntegeräte.

Sowohl in der Art, wie der Betrieb geführt wurde, als auch mit den Maschinen selbst wurde versucht, durch neue Anwendungen das Maximale zu erzielen. Naturgemäß gab es da auch manche Rückschläge, die aber in der damaligen Ertragssituation leichter weggesteckt werden konnten als heute.

Um die Lanz-Bulldogs im Schlepperbestand des Rossacher Hofs machten die meisten der Angestellten immer einen großen Bogen, allein schon der altertümlichen Anlasstechnik wegen, mit der sie sich nicht anfreunden wollten oder konnten. Adolf kam dies natürlich gelegen. Ihm machte es geradezu Spaß, beinahe als Einziger die notwendigen Geheimnisse zu kennen, die man beim Anwerfen der gusseisernen Kolosse anzuwenden hatte. Auch der viel interessantere Ablauf, so ein Ungetüm problemlos zum Laufen zu bringen, faszinierte ihn mehr, als einfach einen modernen Starterschalter zu betätigen. Zu den vielen bereits an anderen Stellen erzählten Geschichten über die Missgeschicke beim Anwerfen von Bulldogs gesellen sich nun auch die Erlebnisse von Adolf. Er wusste genau, dass es ein Leichtes war, den Motor anzuwerfen, wenn nur lange genug vorgeheizt wurde. Sein vorgesetzter Aufseher wollte es einmal unbedingt anders versuchen und einen noch halbwarmen Motor anwerfen. Er behauptete, dies zu schaffen. Adolf wusste um die Probleme und schlug vor, doch zu warten, bis der Glühkopf mit der Heizlampe wieder heiß gemacht war. Sofort rannte er los, um eine Heizlampe zu holen. Das war die Chance des Aufsehers. Jetzt konnte er Adolf einmal zeigen, dass es auch anders und vor allem schneller ging. Doch als Adolf mit der Heizlampe in der Hand um die Ecke gerannt kam, da kam ihm auch schon sein Aufseher aus der Schlepperhalle entgegen, aschfahl im Gesicht und eine Hand nur noch am gebrochenen Arm baumelnd. Beide sahen sich an, ihre Augen trafen sich für einen kurzen Augenblick, doch Worte waren überflüssig.

Werbung anno 1950

Mit zu den alten Geschichten, die man immer wieder über die Bulldogs erzählt bekam, trug auch diese auf dem Hof geschehene Geschichte bei, diese stählernen Kolosse als gefährliche Ungetüme erscheinen zu lassen: Es geschah beim Anwerfen eines 10-Liter-Motors, als dem Fahrer das Lenkrad aus der Hand glitt und dieser schnell Deckung suchte. Das Lenkrad drehte noch geraume Zeit mit der Kurbelwelle mit, bis es sich löste und nach oben ins Dach schleuderte und von innen die Ziegel durchschlug. Mit der Grund auch dafür, dass die Bulldogs immer erst am Feierabend abgestellt wurden, d. h., dass der Motor still gesetzt wurde. In den Arbeitspausen wurde der Bulldog einfach abgestellt und die Bremse angezogen, der Motor dagegen tuckerte in der Leerlaufdrehzahl vor sich hin, um den beschriebenen Problemen beim Anwerfen aus dem Weg zu gehen. Wenn aber der Bulldog dann eine Stunde oder auch länger so vor sich hin gelaufen war, war Vorsicht geboten. Ein unbedachter Tritt auf das Gaspedal konnte nämlich auch zur Folge haben, dass der Motor plötzlich und mit einem Schlag stehen blieb. Dies war des Öfteren einem Kollegen von Adolf passiert, der nicht das nötige Feingefühl für den Motor besaß. Nach so einem Fehler konnte er sich dann der österreichischen Schimpfworte von Adolf – er war ja Österreicher – sicher sein. Schließlich musste man dann erst einmal die Heizlampe herbeischaffen und den Bulldog wieder vorheizen, bevor die Arbeit weitergehen konnte.

Ein unbedachter Schritt aufs Gaspedal – der Bulldog stand

Adolf machte aber gerade der Umgang mit den Bulldogs am meisten Spaß. Mit so einem hubraumstarken, laut puffenden Einzylinder-Schlepper auf den Feldern und auch auf den Straßen herumzufahren, das machte doch wesentlich mehr her, als mit den modernen, brav brummenden Schleppern: Gehörig Aufsehen zu erregen, die Hühner zu verscheuchen, eventuell die Blicke der Mädchen auf sich zu ziehen und sich als rechter Kerl zu fühlen, das war nur mit einem alten Bulldog möglich.

Natürlich machte es auch gehörig Spaß, die ungeheure Zugkraft eines Bulldogs auszuspielen, der geradezu vor Kraft zu platzen schien, wenn der Glühkopf einmal weiß glühend war. Und dann damit zu pflügen, möglichst bei Nacht, wenn es dunkel war! Dann nämlich wurde der Bulldog vollends zum Ungetüm, wenn glühende Funken

Glühende Funken im Nachthimmel – der Bulldog wurde zum Ungetüm

und meterhohe Flammen aus dem rot glühenden Auspuffrohr heraus in den Nachthimmel schossen.
Beim Pflügen leisteten die Bulldogs große Dienste. Wenn aber ein einzelner Schlepper den Pflug nicht zog, wurde noch ein Schlepper vorgespannt, und wenn dies auch noch nicht reichte, holte man die Bulldog-Raupe. Besonders der berüchtigte Stallbuckel erforderte derartige Kunstgriffe. Der Stallbuckel war der steile Acker hinter dem Stall, an dem sich die Geister - was die Zugkraft betraf - schieden, und er wurde später Testgelände für einen großen Schlepperwettkampf, worüber gesondert berichtet werden kann. Treibstoff war zu jener Zeit kein Thema, deshalb hatten auch die Bulldogs mit

Treibstoffverbrauch zu jener Zeit kein Thema – der Bulldog brauchte etwas mehr

ihrem etwas höheren Verbrauch noch ihre Berechtigung. Man nahm einfach zusätzlich zum vollen Tank noch mehrere Kanister mit aufs Feld, stellte sie dort am Rand ab und fuhr so lange weiter, wie noch Treibstoff da war. Ab und zu schaute der Aufseher vorbei, tauschte die leeren Kanister gegen volle aus und brachte auch frischen Tee für die Arbeiter mit.
Der Ölverbrauch der Bulldog-Zweitaktmotoren war natürlich auch entsprechend hoch. Sie verlangten aber unbedingt ein einfaches Öl, d. h., es durfte keinesfalls ein modernes Öl eingefüllt werden, wollte man nicht einen Kolbenklemmer riskieren. Und dieses einfache Öl war gar nicht mehr so leicht zu bekommen, aber es musste beschafft werden. Die Bulldogs dankten es dann mit einem einwandfreien Funktionieren.

1.000 Zentner. Es wurden 25 Waggons angeliefert, ein Teil für den Rossacher Hof und ein Teil für den mitbewirtschafteten Stolzenhof bei Jagsthausen. Der Kunstdünger wurde von Hand auf die Schlepperanhänger umgeladen.
Damit ging es dann aus dem Jagsttal heraus Richtung Rossach, 4 km den Berg hinauf. Adolf hatte bald herausgefunden, wie er es mit seinem Bulldog am ehesten schaffte, als Erster wieder auf dem Hof zu sein. Nach dem ersten Anstieg aus dem Tal heraus kam eine sehr enge Rechtskurve in Haarnadel-

Für heutige Verhältnisse nicht mehr vorstellbar: Kunstdünger umladen auf dem Bahnhof.

Ein Weiteres ist Adolf zudem noch bestens in Erinnerung: nämlich die Bremsen der Bulldogs. Diese hatten eine unglaublich gute Wirkung, die er noch heute bewundert.

Kunstdünger holen

Einmal während des Winters musste Kunstdünger geholt werden. Dieser wurde in Berlichingen mit der Schmalspurbahn angeliefert. Dafür waren zuvor von der Bahn in Möckmühl die vollen Normalspurwagen auf Schmalspur-Rollböcke umzusetzen, die dann nach Berlichingen gezogen wurden. So ein Waggon fasste 50 Tonnen, also

form. Wenn man diese Kurve ganz links außen anfuhr, ohne Rücksicht auf eventuell entgegenkommende Fahrzeuge, die man wegen eines Erdwalls nicht sehen konnte, hatte man genug Schwung, um in den großen Gang schalten zu können. War dies geschafft, dann hatte man gewonnen und konnte mit der großen Geschwindigkeit bis auf den Hof durchfahren. Doch gelang dies nicht, dann war man gezwungen, mit dem kleineren Gang und niedriger Geschwindigkeit die restliche Strecke von runden 2 km bis auf die Höhe weiterzutuckern. Dies ließ natürlich der Stolz von Adolf nicht zu, er war immer darauf bedacht, diese Haarnadelkurve optimal zu nehmen.

Zuckerrübenernte

Das Zuckerrübenroden mit dem neu angeschafften Vollernter war normalerweise ein Kinderspiel, wenn das Wetter mitmachte. Doch wie Adolf sich erinnert, hatte man oftmals Schwierigkeiten, die Rüben auf den schweren Lkw-Anhängern eines Spediteurs von den Feldern auf den Hof zu schaffen. Die Schlepper waren zu leicht für diese großen Anhänger und hatten deshalb erhebliche Probleme, mit den schwer beladenen Anhängern aus dem Acker herauszukommen.

1964: Ein Schlüter AS 450 zieht einen Rübenvollroder.

Die Lösung des Problems allerdings lag nahe: Man spannte einfach einen zweiten Schlepper davor. Wenn auch der nicht ausreichte, wurde ein dritter vorgespannt, und wenn dies immer noch nicht reichte, stand auch noch ein vierter Schlepper zur Verfügung. Die Stars dabei waren aber immer die Bulldogs, weil man sie mit den – unübertroffenen was Traktion betrifft – Eisenrädern ausrüsten konnte. Damit war keine Zugarbeit zu schwer. Die Grenze war erst erreicht, wenn der Bulldog vorne hochstieg. Deshalb spannte man die Bulldogs immer direkt vor den Anhänger und davor dann die anderen Schlepper.
War dann der Acker gemeistert und es gab festen Boden unter den Rädern, wurden natürlich die eisenbereiften Bulldogs abgehängt, denn das Hin- und Herpendeln vom Acker zum Hof und zurück, das war dann Sache der gummibereiften Schlepper.
Die Bulldogs blieben derweil auf dem Feld – natürlich mit laufendem Motor.
Die Lkw-Anhänger wurden dann später vom Spediteur auf dem Hof abgeholt und zur Zuckerrübenfabrik gefahren. Hätte er erfahren, welche Abenteuer seine Anhänger zuvor mitgemacht hatten, er hätte sicher niemals mehr einen leeren Anhänger auf dem Hof angeliefert.
Einmal hatte der Rübenvollernter einen größeren Schaden und stand transportunfähig auf dem Feld – und das bei einer Temperatur von 5 Grad unter Null. Der Einzige, der unter diesen Bedingungen so etwas reparieren konnte, war – davon waren alle überzeugt - der „Specht aus Berlichingen“. Er musste also unbedingt kommen – koste es, was es wollte! Wie nicht anders erwartet, kam er tatsächlich.
Zwei Tage reparierte er in dieser Kälte. Dreckig wurde der Specht nicht, weil der Boden hart gefroren war. Gegen den Wind hatte man Strohballen geholt und um die Stelle herum aufgesetzt – und auch innerlich wurde sicherlich genügend gegen die Kälte unternommen. Als der Roder dann repariert war und wieder funktionierte, was natürlich niemand angezweifelt hatte, war der Specht „der Held“. Aber dann gab es auch kein Halten mehr für die Angestellten auf dem Hof! Bei bis zu 15 Grad unter Null rodeten sie drei Tage und zwei Nächte durchgehend alle Rüben, um auch ihren Anteil zum Einbringen zu leisten.
Die Rüben wurden auf Haufen geleert und dann – wie berichtet – mit Lkw-Anhängern auf den Hof gebracht. Die Blätter legte man in langen Reihen ab, um sie direkt vom Feld weg zu verkaufen. Teilweise wurden sie auch als Blättersilo auf dem Feld gelagert. Das Aufladen besorgte dann der McCormick, der mit einem Frontlader ausgerüstet war.

Blättersilo-Bau

Mit dem Hanomag – er war mit einem Eigenbaudach des bereits erwähnten „Specht von Berlichingen“ ausgerüstet und erinnerte in der Form an die Bulldogdächer – wurden die Blätter dann in Richtung des Blättersilos transportiert. Dazu wählte man eine günstig zu erreichende Stelle auf dem Acker, wo das Silo auf dem Erdboden angelegt wurde. Es bestand einfach aus einer Anhäufung von Blättern. Allerdings bedurften die Errichtung oder der Aufbau eines solchen Silos gewisser Finessen, da sonst kein Erfolg beschieden war und keine Fermentierung der Blätter eintrat. Zuerst wurden die Blätter einfach vom Anhänger abgeladen und eben auf der Erde

Schlüter Super TVL mit Original-Schlüter-Turbo-Dieselmotor

Bis zu diesem Zeitpunkt waren mein Mann und ich mit unserem schönen, liebevoll restaurierten Hanomag R 22 aus dem Jahr 1953 zu etlichen Oldie-Treffen in der Gegend getuckert, und es war jedes Mal eine schöne Sache. Neugierig geworden, vermerkte ich vorsichtshalber Ort und Datum des Feldtages im Kalender, und wir vergaßen die ganze Sache wieder. Der 5. September 2004 kam, wir saßen beim Frühstück und wie schon oft am Sonntagmorgen, fragte mein Mann Johann: „Was unternehmen wir heute?" Kurze Beratung, ein Blick auf den Kalender - oh, heute ist dieser Schlüter-Feldtag, da fahren wir hin. Nach einem kurzen Suchen auf der Landkarte saßen wir im Auto und waren nach einer guten Stunde am Zielort: Es war bei Neuburg an der Donau.

Was wir bei herrlichem Spätsommerwetter an jenem Sonntag erlebten, ist mit einem Wort beschrieben:
GIGANTISCH!
Schon bei der Abfahrt von der Bundesstraße war eine endlose Blechkarawane auszumachen. Abgedroschene Getreidefelder eines 360 Hektar umfassenden Hofgutes waren Park-, Ausstellungs- und Vorführfläche. Unzählige Autos parkten in langen Reihen glitzernd in der Sonne. Zum leichteren Wiederfinden unseres Fahrzeuges haben wir alle Reihen bis zum Eingang – alles war eingezäunt – gezählt und uns Reihe 72 gemerkt. Ein kurzer Stau noch am Kassenhäuschen, den moderaten Eintrittspreis bezahlen, die dazugehörige Festschrift in die Hand – und dann spazierten wir zur Ausstellung. Überall Schlüter, groß und klein, sortiert nach Größe. Bei den größeren fast ausschließlich roten Schlepper, da gab es tatsächlich richtige Riesenschlepper – die Kenner bezeichnen sie als „die Bären", nach dem Wappentier der Firma Schlüter benannt.
Außerdem hatten die PS-starken Bären so richtige Megamaschinen angehängt. Leihgaben und Prototypen von Landmaschinenfirmen, wie wir später noch erfuhren.
Uns blieb vor Staunen und Überraschung fast die Spucke weg, Vergleichbares hatten wir noch nie gesehen.
Wir drehten zuerst eine Platzrunde und bestaunten die größtenteils mit viel Aufwand und Liebe restaurierten Fahrzeuge. Und das Tollste war, man konnte mit der Nummer seiner Eintrittskarte einen richtigen Schlüter gewinnen. Top-restauriert und fahrbereit – eine Superidee. Fast ein wenig abseits war eine größere Fläche abgesperrt. Dort drängten sich die Zuschauer dicht an dicht. Geduldig arbeiteten wir uns ganz nach vorne durch: Da waren geniale Tüftler und Modellbauer mit original- und detailgetreuen Schlütermodellen am Pflügen, Grubbern und vielem anderen mehr. Sogar die Hydraulik funktionierte und auch der Motorensound war zu hören!
Einfach einzigartig und perfekt zugleich, diese „Minitruckers", so heißen sie nämlich.
Absoluter Publikumsmagnet und am meisten fotografiert war der 5000 TVL Profi Trac, ein Unikat und eine Leihgabe eines Schlüterfreundes namens Stetter aus Rainau. Mit 500 PS immer noch der stärkste Schlepper Europas mit 12-

Der Schlüter Super 400 mit 40 PS: Er war der Erste in unserer Sammlung ...

... doch schnell folgte der Super 1500 TVL mit bärenstarkem turbogeladenem 150-PS-Motor und Frontlader.

Zylinder- Turbomotor und gewaltigen 18 Tonnen Gewicht auf seinen Zwillingsreifen, ganz zu schweigen von den sagenhaften 21 Litern Hubraum und einem Dieseltank der 920 Liter fasst. Er zog die Menge magisch an! Menge, das war eigentlich das richtige Wort für diesen Menschenauflauf, es wuselte wie in einem Ameisenhaufen. 30.000 Besucher etwa, haben vorsichtige Schätzungen ergeben, sollen es gewesen sein.

Als sich dann eine stattliche Anzahl Schlüter von ca. 150-500 PS in Bewegung setzte und das Bärengebrüll ertönte, der einzigartige Schlüter-Sound, während sie auf dem großen Feld fast schon ein wenig majestätisch mit ihren imposanten Pflügen – bei einem zählte ich staunend 14 Reihen-Scharen hintereinander – Seite an Seite exakte Furchen zogen, waren mein Mann und ich und die anderen 29.998 Zuschauer total begeistert. Und ich habe bei einigen der Männer ein feuchtes Glitzern in den Augen entdeckt.

Als es Abend wurde, zählten wir auf 72, dort stand tatsächlich unser Auto, und fuhren müde und ein wenig staubig, aber völlig verschlütert nach Hause.

Aber dann, in den Tagen danach, reifte in uns ein neuer, bis dahin völlig unbekannter Entschluss: Ein Schlüter muss her!

Wir fragten viele, inserierten und stöberten im Internet und legten dann unendliche Kilometer zurück, bewaffnet mit Landkarte, Notizblock und Fotoapparat. Und allzu häufig entpuppte sich der am Telefon als „in tadellosem Zustand“ und „aus erster Hand“ beschriebene Schlüter als verlottertes Groschengrab und Rosthaufen.

Aber irgendwann hatten wir Glück. Während eines sintflutartigen Gewitterregens entdeckten wir bei einem Raritätensammler einen „Super 400“ mit 40 PS aus dem Jahr 1967, mit einer von Fritzmeier gebauten Fahrerkabine und runden Kotflügeln. Diese Kombination soll es nur drei Mal gegeben haben! Dieses Leichtgewicht mit „nur“ 2.300 kg konnten wir einfach auf einem Hänger laden und nach Hause ziehen.

Und nur wenige Wochen später unser nächster Fund: Ein Schlüter-Super 1500 TVL mit 150 PS, einem turbogeladenen Schlüter-Dieselmotor mit sechs Zylindern, Allradantrieb, hydraulischer Kippkabine und einem bärenstarken Frontlader – der Kat III, früher einmal auf einem großen Hofgut in Oldenburg stationiert. Dieser Bär musste seine 7,5 Tonnen auf der eigenen Achse vom Landkreis Biberach in

den Landkreis Heidenheim bewegen!
Wir waren glücklich, zufrieden und der Meinung, diese beiden Fahrzeuge würden uns vollauf genügen, hätte da nicht eines Abends ein freundlicher Mann angerufen und uns mitgeteilt, er hätte einen ganz gepflegten Schlüter, einen Super 1250 TVL mit einem 125-PS-Schlüter-Turbomotor – es gibt auch Schlüter-Traktoren mit MAN-Motoren – einer Kippkabine und Fronthydraulik aus dem Baujahr 1977 in einem selten guten Zustand. Den wolle er wegen Betriebsaufgabe verkaufen. Am selben Abend fuhren wir hin – nur mal so, um den tollen Schlepper anzuschauen – und einen Abend später winkten uns seine seitherigen Besitzer mit Tränen in den Augen nach, als der Bär von uns aus dem Landkreis Dinkelsbühl zu uns in seine neue Heimat gelenkt wurde.
Damit aber solche herrlichen Fundstücke nicht Wind und Wetter ausgesetzt sind, opferte ich das größte Stück meines bis dahin blühenden Gartens und unseren schönen, weinberankten und überaus lauschigen Freisitz. Dort nämlich haben mein Mann und ich in zweisamer Knochenarbeit nach Maßgabe des Planers und Statikers riesige Fundamente betoniert und in Eigenleistung eine zweckmäßige, große Halle erstellt. Damit es auch von unten her sauber ist, verlegten wir noch 40 ganze Paletten U-Steine. Die Größe des Bauwerkes erlaubt es uns sogar, die Kippkabinen für anstehende Wartungsarbeiten hochzufahren. Wir beginnen nämlich schon dieses Frühjahr mit den Vorbereitungen für den 2. großen Feldtag der Schlüter-Freunde Donau-Ilm vom 21. bis 23. September 2007 auf dem Gelände des Hofgutes Grabmühle bei Langenmoosen, unweit von Neuburg/Donau.
Zu dieser Veranstaltung möchten wir mit unseren drei Schlüter-Traktoren auf Achse hinfahren – wir rechnen mit drei Stunden einfacher Fahrzeit – und auch ein wenig mitmachen bei der diesjährigen Bärenschau.
Am Ende meines Berichtes habe ich das Bedürfnis und die Pflicht, alle Leser dieser Zeilen eindringlich vor dem „Schlüter-Virus“ zu warnen. Er befällt nicht mehr nur gestandene Männer, auch Frauen sind mittlerweile nicht mehr gefeit! ■

Die letzte Schlüter-Entwicklung: der Euro-Trac.

Er war mit das Modernste, was unsere deutsche Schlepperindustrie in den ausgehenden 1950er Jahren an Technik zu bieten hatte. Bereits im März 1959 ging er als erster Schlepper einer komplett neuen Baureihe – der Raubtierserie – in Serienproduktion.
Angetrieben von einem spezialluftgekühlten Direkteinspritzer-Dieselmotor, gerade neu überarbeitet und erprobt, war es Eicher gelungen, den seit rund zehn Jahren erfolgreich am Markt vertretenen Eigenbau-Motor luftgekühlter Bauart weiter zu verbessern und zu modernisieren, ohne auf die bewährten für Eicher typischen Merkmale zu verzichten. Als Langhuber konzipiert, hatte er einen Hub von 125 mm, einen Bohrungsdurchmesser von 100 mm und verfügte damit über einen Hubraum von 1,96 Litern, der auf zwei Zylinder verteilt war. Die obere Drehzahl lag mit 2.000 U/min in einem Bereich, der dem Motor eine besondere Drehfreudigkeit und gleichzeitig ein Höchstmaß an Feingefühl vermittelte. Doch ein rasantes Beschleunigungsverhalten, ein ruhiger Lauf und ein gutes Startverhalten waren ebenfalls erwähnenswerte Eigenschaften, die diesen neuen Motor kennzeichneten. Blickte man zurück auf die Vorgänger, so waren hier ebenfalls

Trotz zahlreicher Verbesserungen blieben die Eicher-typischen Merkmale der luftgekühlten Bauart erhalten.

Mittelklasse-Schlepper vom Feinsten:

Der Eicher-Tiger

Von Kurt Häfner

Sein Preis lag knapp unter 9.000 DM, er war drei Meter lang, anderthalb Meter breit und 1.500 kg schwer, stand auf vier Rädern und präsentierte sich in einem modernen gefälligem Äußeren. Dazu kamen ein kleines Kraftwerk als Antriebsquelle und ein Getriebe mit acht Vorwärts- und vier Rückwärtsgeschwindigkeiten, die ihm alle Möglichkeiten mitgaben, die übers Jahr auf einem mittelgroßen landwirtschaftlichen Betrieb anfallenden Arbeiten zufriedenstellend bewältigen zu können. Ja, das war ein Tiger. Das war der Tiger von Eicher!

die Erwartungen in eine lange Lebensdauer gerechtfertigt, wenn der Motor mit einem Mindestmaß an Wartung und Pflege versorgt wurde.

Der Motor mit der Typenbezeichnung EDK 2 arbeitete im Viertaktverfahren, erbrachte eine Dauerleistung von stolzen 25 PS und zählte damit zur Mittelklasse der Schlepper dieser Zeit.

Auch beim Getriebe konnte auf eine Neuentwicklung zurückgegriffen werden, jedoch diesmal nicht im eigenen Haus entwickelt, sondern von der ZF bezogen. Die herausragende Neuerung war die Stifteschaltung. Hier ließen sich beim Gangwechsel mittels kleiner Stifte die im Eingriff befindlichen Zahnräder fest mit der Getriebewelle arretieren, während beim Schubradgetriebe die Zahnräder mittels der Schaltgabeln auf der Welle axial verschoben werden mussten.

Das Wechsel-Gruppenschaltgetriebe ermöglichte insgesamt acht Vorwärts- und vier Rückwärtsgänge, wobei der erste Gang als voll belastbarer Kriechgang konzipiert war. Geschaltet wurde es – wie üblich bei einem Gruppenschaltgetriebe - mittels zweier Schalthebel. Die höchste Fahrgeschwindigkeit vorwärts lag bei 20 km/h, rückwärts bei 10 km/h. Das Getriebe – zugehörig zur Baureihe ZF 200 – zeichnete sich durch eine leichte

Bedienbarkeit und kurze Schaltwege aus und eignete sich dadurch hervorragend für Frontladerarbeiten. Zusätzlich verfügte es über eine Differenzialsperre, die wahlweise per Fuß oder Hand zugeschaltet werden konnte. Recht vorbildlich war die Zapfwelle mit zwei Drehzahlen von 540 und 1.160 U/min, ließ sie sich doch zusätzlich zur fahrgeschwindigkeitsabhängigen Wegezapfwelle umschalten.

In der Bremswirkung ebenfalls recht großzügig ausgefallen waren die in den

Der Eicher-Tiger beim Futtermähen und Laden mit dem Eicher-Futterlader.

Der Eicher-Tiger: Er bot modernste Schleppertechnik der ausgehenden 1950er Jahre

Achstrichtern integrierten Trommelbremsen, die über die Funktion der Fußbremse hinaus auch als Lenk- oder Einzelradbremsen genutzt werden konnten.

Zwischen Motor und Getriebe arbeitete eine F&S-Doppelkupplung, deren Pedal als besonderes Highlight stufenlos der Größe des Fahrers anzupassen war und unabhängig von der Zapfwelle arbeitete. Ebenfalls unabhängig – hier jedoch vom Getriebe – war der Mähwerksantrieb, der zusätzlich mittels einer Rutschkupplung abgesichert war.

Auch bei der Lenkung gab es Neuerungen: Waren bei den Vorgängermodellen noch Gemmer-Lenkungen von ZF zum Einbau gekommen, so wechselte Eicher fortan zur ZF-Einzelradlenkung. Bei einer Einzelradlenkung führen zwei getrennte Lenkarme aus dem Lenkgetriebe, jeweils einer rechts und einer links des Rumpfes, die dann – mit einem Gestänge gekoppelt – auf jedes Vorderrad getrennt wirken, während sonst nur eine einzelne Stange nach vorne führt. Hier sind die Vorderräder durch eine weitere unterhalb des Rumpfes quer verlaufende Lenkstange verbunden.

Ja, man hatte viel getan, um diesen Schlepper noch attraktiver zu machen – auch die Bequemlichkeit des Fahrers wurde dabei nicht außer Acht gelassen. Kam dies bereits mit dem einstellbaren Kupplungspedal und der neuen Einzelradlenkung zum Ausdruck, die – wie auch das Schalten der Gänge – wesentlich kraftschonender und feinfühliger zu bedienen waren, so gab es zusätzlich einen Parallelogramm-Fahrersitz, fein gefedert und sich dem Gewicht des Fahrers anpassend, ein übersichtlich aufgeräumtes Armaturenbrett – mit Zigarettenanzünder – und eine Handgashebelei mit Einstellskala. Doch entscheidend für das veränderte Aussehen war die schlauchlose Blockhydraulik am Heck des Schleppers, notwendig für den hydraulischen Kraftheber und – wenn gewünscht – auch für die Mähwerksaushebung, die das Hinterteil nicht mehr für den Aufstieg freigab. Dieser erfolgte hier auf der linken Seite vor dem Hinterrad und trug dazu bei, dass der Fahrer nicht mehr wie bei den älteren Modellen auf der Hinterachse, sondern vor der Hinterachse wesentlich tiefer zu sitzen kam.

Der Tiger – er wurde länger und niedriger

Damit wurde der Schlepper etwa 20 Zentimeter länger und in der vorderen Bauweise etwa 10 cm niedriger und vermittelte dadurch ein völlig verändertes Bild. Dies kam auch recht deutlich zum Ausdruck, wenn der Fahrer Platz genommen hatte. Saß er doch nun zwischen den hinteren Radabdeckungen, während er vorher auf Höhe derselben gesessen hatte.

Diese niedrigere Bauweise brachte natürlich eine tiefer liegende Schwerpunktlage mit sich, die eine verbesserte Hanglage versprach und dem Fahrer noch mehr Sicherheit bieten sollte. Dazu kam die serienmäßig eingebaute blattgefederte Vorderachse, die ein noch weicheres Fahrgefühl vermittelte.

Darf hier den Konstrukteuren ein berechtigtes Lob zugesprochen werden, so muss ein weiteres Lob auch an die Formgestalter oder – wie man heute sagen würde, an die Designer – ergehen, war es ihnen doch gelungen, einen Schlepper zu konzipieren, der nicht nur damals ein modernes Erscheinungsbild vermittelte, sondern selbst in heutiger Zeit noch schön anzusehen ist. Allein die Motorhaube wie auch die wuchtigen Hinterradabdeckungen zeigen sich viel moderner und formschöner als noch bei den Vorgängern, ohne dabei aber ihre Herkunft verleugnen zu wollen.

Luftgekühlter Eicher-Dieselmotor mit zwei Zylindern.

Mit dem Jahr 1962 war die Zeit gekommen, diesen bisher mit großem Erfolg verkauften Schlepper weiter zu verbessern, frei nach dem Motto: Das Bessere ist der Feind des Guten. Eine erste Maßnahme dabei war, eine Leistungssteigerung des Motors vorzunehmen, ohne aber die Baumaße zu verändern. So wurde der neue Tiger fortan mit 28 PS angeboten. Eine weitere bedeutende Änderung war das Verlängern des Achsabstandes um nahezu 11 cm, aber

Eicher-Tiger fortan mit 28 PS

auch das Verlängern des kompletten Rumpfes. Reichte bei einer seitlichen Betrachtung des Schleppers die Motorhaube bisher nur geringfügig über die Vorderachse, so ragten beim neuen Modell die Vorderräder nur noch unwesentlich über die Motorhaube hinaus. Mit dieser Verlängerung wechselte die Batterie nun auch vom Fahrerplatz unter die Motorhaube in den Bereich, wo bei einem wassergekühlten Motor der Kühler eingebaut ist. Von der Einzelradlenkung kehrte man wieder zurück zur Gemmer-Lenkung, und die Scheinwerfer – bisher am Vorderachsträger befestigt – waren nun fest mit der Motorhaube verbunden. Zusätzlich wurden die Blink- und Begrenzungsleuchten in den serienmäßigen Lieferumfang aufgenommen.

Ebenfalls etwas gefälliger wurden auch die Hinterradabdeckungen. Den Zusatzsitz für den Beifahrer verlegte man vom linken Hinterradkotflügel hinter den Fahrersitz zwischen die Radabdeckungen, das Krafthebergestänge wurde kostengünstiger gefertigt und die hydraulische Kraftheberregelung wurde um eine Regelhydraulik erweitert. Die Zeichen der Zeit waren neben größeren Leistungen auch höhere Geschwindigkeiten. Hatte Eicher

Eicher-Tiger

Ein neuer Schleppertyp: kraftvoll, zäh, leistungsstark, rasant

dieser Änderung mit der Leistungssteigerung Rechnung getragen, so wollte man sich auch der Geschwindigkeitserhöhung nicht verschließen und bot mit dem überarbeiteten Modell zusätzlich eine so genannte Schnellgangausführung an. Der Kunde konnte nun zwischen der bisherigen 20-km/h-Version und einer etwas teureren 28-km/h-Version wählen, die rückwärts ebenfalls um 4 km/h schneller war.

In dieser Ausführung wurde der Eicher-Tiger bis in die zweite Hälfte des Jahres 1968 gefertigt, und glaubt man zeitgemäßen Unterlagen, so sollen es insgesamt etwa 15.000 Stück gewesen sein. ■

Der neue Eicher-Tiger mit 28 PS: Er wurde ab 1962 angeboten.

Eine Erfolgsgeschichte aus Marktoberdorf:

Der 50.000. Fendt-Vario

Neues aus dem Hause Fendt

Es war an einem Donnerstag, dem 1. Februar, um genau 10 Minuten nach 12 Uhr, als der 50.000. Fendt-Traktor mit Vario-Technik - ein Typ 312 Vario - das Montageband im Werk Marktoberdorf aus eigener Kraft verlassen konnte. „Ein weiterer Meilenstein der 1995 begonnenen Erfolgsgeschichte mit den stufenlosen Vario-Getriebe als Inbegriff für komfortables, effektives und kraftstoffsparendes Wirtschaften", so kommentierte es Hermann Merschroth, Sprecher der Geschäftsführung. Gleichzeitig auch ein Beweis dafür, dass mit diesem Konzept die Kundenwünsche richtig verstanden und umgesetzt werden - entschieden sich allein im vergangenen Jahr über 70 % aller Fendt-Kunden für dieses Konzept.

Begonnen hatte alles 1995 auf der Agritechnica in Hannover, der europäischen Leitmesse für Traktoren und Landmaschinen, mit der Weltpremiere des Fendt 926 Vario. Anfängliche Skeptiker verstummten und ließen sich von den Vorteilen dieses neuen Getriebekonzepts überzeugen. „Der Bedienungskomfort ist unerreicht und auch die Produktivität verbessert sich deutlich. Auch der Wirkungsgrad des Vario-Getriebes ist sehr gut", urteilte schon damals die DLG-Prüfstelle. Der Traktorfahrer musste sich keine Gedanken mehr um die jeweils richtige Übersetzung machen, denn Kopf und Hände bleiben für das Arbeiten frei. Zusätzlich begann neben dem Komfortgewinn und angesichts stetig steigender Kraftstoffkosten bald auch der niedrigere Treibstoffverbrauch an Bedeutung zu gewinnen.

Die Fendt-Erfolgsgeschichte: Vom Dieselroß zum Vario

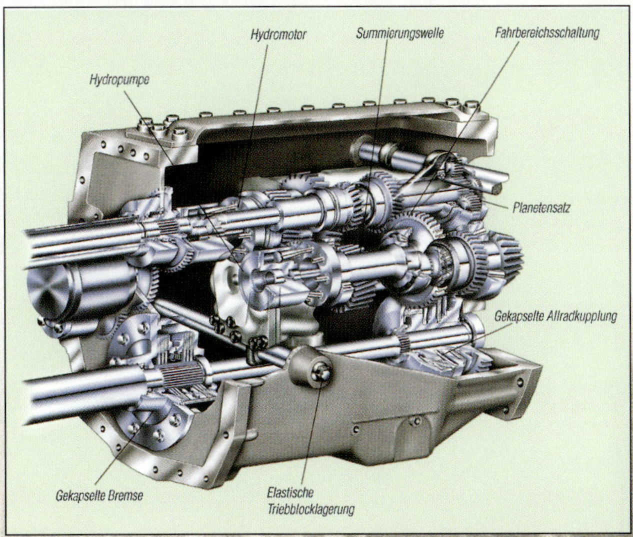

Damit wurde die Vario-Technik zur Erfolgsgeschichte, begründet auf den Verkaufserfolgen, denn bereits im April 2001 konnte der 10.000. Vario-Traktor das Montageband verlassen und in einer Feierstunde an den neuen Besitzer übergeben werden. Und nur zwei Jahre später wurde ein holländischer Lohnunternehmer neuer Besitzer des 30.000. Fendt-Vario-Traktors.

Die Erfolgsgeschichte spiegelt sich aber auch darin, dass die Vario-Technik bei zahlreichen Vergleichstests als erfolgreicher Sieger begehrte Auszeichnungen entgegennehmen durfte.

War die Vario-Technik bisher den größeren und stärkeren Modellen der Baureihen 400, 700, 800 und 900 vorbehalten, so sieht sich die Firma mittlerweile dazu veranlasst, auch bei Fendt-Traktoren der mittleren Leistungsklasse diese stufenlose Antriebstechnik zur Verfügung zu stellen. Ein Beispiel dafür ist der bis zu 125 PS starke Vario 300, der bereits ab September 2006 der Kundschaft zur Verfügung stand. Und wieder darf die gute Nachfrage als der beste Beweis dafür gewertet werden, dass selbst diese Kundschaft nicht länger auf die vorteilhafte Vario-Technik verzichten wollte. ■

Gestatten, dass ich mich vorstelle:

McCormick DLD 2

Von Heinz Engelhardt

Guten Tag! Darf ich mich vorstellen? Mein Name: IHC McCormick FARMALL DLD 2. Ja, an meinem Namen hat man wahrlich nicht gespart, eher am Gewicht, denn ich wiege nicht mal 1.000 kg. Doch DLD 2 steht schließlich für "Deutscher Leichtdiesel mit zwei Zylindern". Mittlerweile bin ich schon etwas in die Jahre gekommen, trotzdem fühle ich mich noch immer topfit und gut genug für so manche Arbeit. Nicht im Mindesten erahnte ich all die Strapazen, die ich in meinem langen Schlepperleben – seit meiner Erschaffung 1954 in Neuss am Rhein – bis heute erleben und meistern musste und durfte.

Bei meiner Entstehung in den IHC-Werken in Neuss am Rhein wurde ich mit einem modernen Zweizylinder-Dieselmotor wassergekühlter Bauart ausgerüstet. Für meine Größe war ich also bärenstark, konnte stolze 14 PS leisten. Damit ich aber auch die mir zugedachten Pflegeaufgaben erfüllen konnte, hatte man mich mit einer gekröpften Hinterachse und einer Portal-Vorderachse, zusammen mit einer Sonderbereifung der Größe 4.00-19 vorne und 7-30 hinten, ausgerüstet. Das verschaffte mir die respektable Bodenfreiheit von rund 430 mm. Einen hydraulischen Kraftheber allerdings bekam ich nicht, denn viele Landwirte betrachteten diesen damals noch als unnütze Spielerei, die nur unnötig Geld koste. Kein Wunder, denn wir kleineren Schlepper kamen ja vielfach als Ersatz für das Tiergespann, und dafür waren alle Gerätschaften vorhanden. Manchmal musste das eine oder andere

Gerät für die Ackerschiene zurechtgemacht werden, aber das war's auch schon. Zapfwellengetriebene Geräte waren hier noch nicht vorhanden. Aber ich war mit einer Riemenscheibe ausgerüstet, die, über ein Winkelgetriebe angetrieben, auf meine Zapfwelle gesteckt und festgeschraubt war. Damit war ich in der Lage, zusätzlich alle Hofmaschinen über einen Flachriemen anzutreiben.

Ein ruhiger Anfang

Alles begann im Januar 1955 mit einer Verkaufsveranstaltung des Lagerhauses der WLZ in Esslingen am Neckar, rechtzeitig vor dem Frühling. Eine Werbetour mit verschiedenen Schleppern, die in den umliegenden Orten, insbesondere auf der fruchtbaren Filderebene stattfand. Meine Aufgabe war es, den Landwirten die Vorzüge des Schleppers überhaupt und besonders meine Vorzüge zu demonstrieren und gleichzeitig zu zeigen, wie einfach ich mich bedienen lasse. Mit meiner großen Bodenfreiheit und meinem geringen Gewicht – ich brachte ganze 975 kg auf die Waage – war ich wie geschaffen für die Belange der Filderlandwirte,

Mit meiner Riemenscheibe konnte ich die unterschiedlichsten Maschinen antreiben.

die ja hauptsächlich Kraut anbauten. Für diese Arbeiten hatte ich auch noch einen großen Vorteil zu bieten, von dem bisher noch gar nicht gesprochen wurde: Unter meinem Rumpf, zwischen den Rädern, konnten bei mir nämlich Geräte angebaut werden! Und diese Möglichkeit verschaffte mir ein freies Hinterteil zum Anhängen weiterer Geräte. Ich konnte also mehrere Arbeitsgänge gleichzeitig ausführen, und mit meinen 14 PS war ich dazu kräftig genug.

Immer wieder setzten wir Schlepper uns damals in Bewegung und fuhren in den nächsten Ort, um uns von der interessierten Bevölkerung bewundern und bestaunen zu lassen. Ich wurde in diesen kalten Tagen von einem jungen Burschen gefahren, dem ich wohl ganz gut gefallen haben muss. Jedenfalls wurde er – nachdem alles vorbei war – nicht müde, seinem Vater meine Vorzüge so geschickt zu schildern, dass dieser schließlich gewillt war, mich zu kaufen.

Es muss meine große Bodenfreiheit gewesen sein, die es ihm angetan hat. Allerdings sollte sich später noch zeigen, dass er dabei weniger an den Hackfruchtanbau gedacht hatte.

Mein Arbeitsleben

Mein neues Zuhause lag zwar auf dem Schurwald und nicht auf den Fildern, dennoch gab es für mich viel zu tun. Da war zunächst einmal die kleine Landwirtschaft. Alle damit zusammenhängenden Arbeiten zählten nun zu meinen Aufgaben. Dann betrieb mein neuer Besitzer in dem Dorf noch eine Wagnerei. Auch hier gab es viel zu tun. Vor allem waren es Transportarbeiten, die ich zu erledigen hatte. Die Anforderungen an den Wagner änderten sich jedoch sehr schnell,

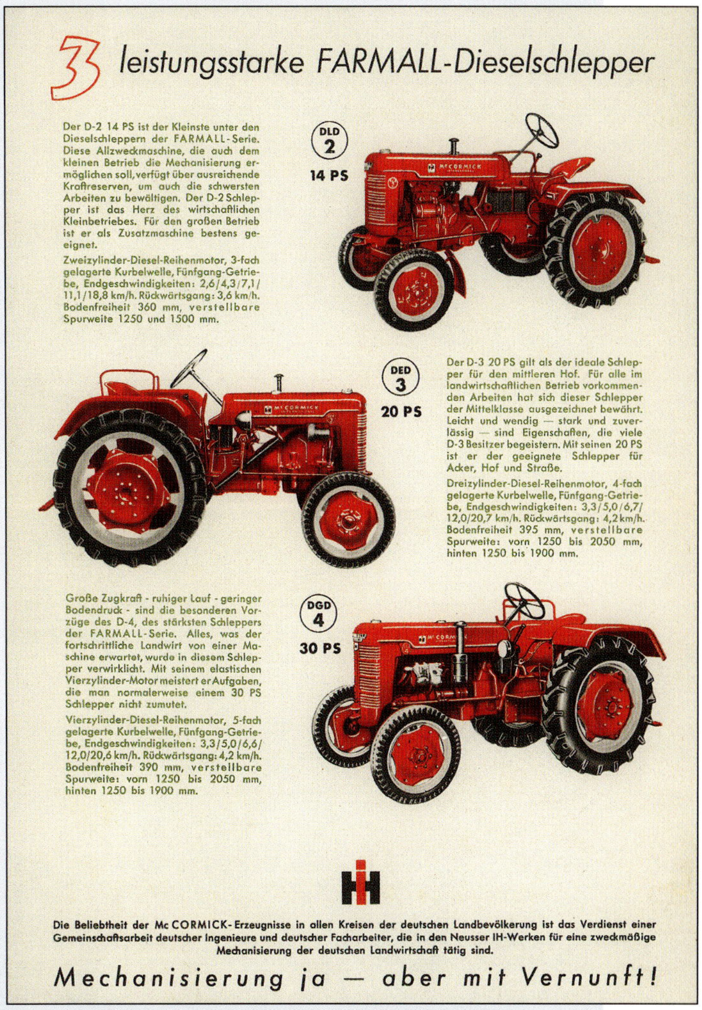

So wurden wir damals von unserer Fabrik beworben, meine zwei stärkeren Brüder und ich.

denn neue Wagen aus Holz brauchte schon bald niemand mehr und Reparaturarbeiten an den alten Wagen wurden immer seltener. Deshalb stellte mein Besitzer mehr und mehr andere Dinge her, z.B. Zaunpfosten, Leitern, Scherenzäune, Gartenhäuschen und vieles mehr. Bei der Bergung des dafür benötigten Holzes zeigte sich, weshalb ihm die große Bodenfreiheit so wichtig war. Ich

Mit der Bandsäge am Heck wurde ich oft stundenlang gequält und sogar über meine Kräfte hinaus belastet.

konnte nämlich im Wald auch abseits der Wege noch fahren. Allerdings war ich für die Waldarbeit eigentlich viel zu leicht und oft bäumte ich mich unter der Last gefährlich auf. Das konnten auch die Radgewichte nicht verhindern, die man mir an allen Rädern montiert hatte. So manchen Abend musste ich bereits in der Dämmerung den schwer beladenen Anhänger nach Hause ziehen. Trotzdem hielt mein Besitzer eine Beleuchtung am Anhänger für unnötigen Luxus.

Die kleine Landwirtschaft lohnte sich bald nicht mehr und wurde nach und nach aufgegeben. Mein Leben wurde deshalb aber kaum ruhiger, denn es gab noch eine ganz besondere Arbeit, die ich viele Jahre ausüben musste.

Damals wurden die meisten Häuser im Ort mit Holz beheizt. Allerdings besaß niemand im Dorf eine eigene Band- oder Kreissäge, um das Holz aufzuarbeiten. Deshalb übernahm mein Besitzer mit einer mobilen Bandsäge diese Arbeit für die Leute. Diese große Bandsäge hatte vorne eine Achse und hinten nur ein kleines, bewegliches Laufrad. Sie wurde an der Ackerschiene angehängt und vor Ort über einen Flachriemen von meiner Riemenscheibe aus angetrieben. Bald war es ein vertrauter Anblick, wenn mein Besitzer mit mir zum Holzsägen ausrückte. Nach dem Anhängen der Säge und einem prüfenden Blick in den Tank ging es los. Der Flachriemen lag auf der Säge und über der Lehne eines Beifahrersitzes hing ein zusammengerolltes Ersatzsägeband. Am Einsatzort musste das Gespann ganz gerade abgestellt werden, damit der Flachriemen auch sauber lief. War der Riemen aufgelegt, der Sägetisch noch etwas eingefettet, so konnte es losgehen. Diese Arbeit rechnete mein Besitzer nach Raummeter und nicht nach Zeit ab, und dies spornte ihn zu wahrer Akkordarbeit an. Nichts Gutes für mich, denn meine beiden Kolben flitzten dabei nur so um die Wette. Ich habe die vielen Stunden nicht gezählt, die ich so in staubiger Umgebung im Stand und mit hoher Drehzahl vor mich hin knatterte. Für die Leute im

Seht her, in mir arbeitet ein Zweizylinder-Dieselmotor.

Welt bewegten. In dieser Zeit konnte ich mich wenigstens etwas erholen. Meist ging es danach aber schon zum nächsten Kunden und alles begann von vorne. Erst spät am Abend – manchmal war es schon dunkel – kamen wir wieder nach Hause. So ging das oft wochenlang. Nach all den Strapazen war ich übersät mit Sägemehl und sah aus wie in Samt gehüllt. Zum Glück sind diese anstrengenden Tage längst vorüber. Die Holzheizungen im Ort wurden immer weniger, und schon bald hörte man unser Sägen nur noch gelegentlich im Ort. Die Leute sagten dann: Hairsch, d'r Wägner säagad wied'r! (Hörst du, der Wagner sägt wieder!) Irgendwann ist es dann endgültig verstummt und ich musste nur noch gelegentlich arbeiten. Die Zeit hatte nicht nur an mir Spuren hinterlassen, auch mein Besitzer wurde älter, bis er im Oktober 1985 verstarb. Aber ich konnte in der Familie bleiben. Sein Sohn, dem ich meine Anschaffung mit verdanke, benutzte mich nun für diese und jene Arbeiten, vor allem Transportarbeiten waren es, die ich zu erledigen hatte. Die mobile Bandsäge

Ort war es ein vertrautes Geräusch in jenen Tagen, das hohe Drehen meines Motors, untermalt durch das Singen der Bandsäge. Oft hat mein Besitzer derartig kraftvoll gesägt, dass er mir meinen Motor beinahe abgewürgt hat. Er trieb auch die Helfer mächtig an, das zu sägende Holz rasch genug herbeizuschaffen und nach dem Schnitt wieder beiseitezuschaffen. Meist gab es erst eine Pause, wenn alles gesägt war oder das Band an der Säge gewechselt werden musste. Es kam auch schon mal vor, dass ein Sägeband gerissen ist. Ja, dann konnte es auch mal länger dauern, wenn er erst noch nach Hause musste, um eine Verletzung verbinden zu lassen, die ihm das gerissene Sägeblatt zugefügt hatte. Doch aufhören zu sägen, einer solchen Kleinigkeiten wegen, das kam nicht in Frage!

Nach getaner Arbeit aber gönnte er sich immer noch die Zeit für einen guten Schluck und für eine Unterhaltung über all die Dinge, die die

Bild oben: Früher diente ich während meiner Pausen auch mal als Spielplatz für die Kleinen.

Bild rechts: Auch wenn ich noch heute arbeiten muss, so werde ich geachtet und geschont.

allerdings wurde bald verkauft, und ich muss gestehen, bis heute habe ich sie noch keine Stunde vermisst!

Mein (Un-)Ruhestand

Im Laufe der Jahre fiel mir das Starten immer schwerer. Einer meiner Zylinder wollte einfach nicht mehr richtig anspringen und ich hüllte dann die ganze Gegend in fürchterliche Qualmwolken. Irgendwann ging es nicht mehr anders. Mein Motor wurde ausgebaut und überarbeitet. Danach lief er wieder wie ein Uhrwerk. Aber was nützt ein junges Herz, wenn die Knochen nicht mehr können? Mein Getriebe verursachte nun Probleme. Immer wieder waren beim Schalten plötzlich zwei Gänge im Eingriff. Es sah nicht gut aus für mich, denn mein jetziger Besitzer wollte sich nicht mehr länger mit meinen Gebrechen herumärgern. Er brauchte einen einsatzfähigen, leichten Schlepper – eben einen jüngeren und nicht so ein Wrack wie mich. Und bald stand er da, mein Nachfolger. Mich wollte er verkaufen. Doch nun war es sein Sohn, der mich nicht weggegeben wollte. Er kümmerte sich rührend um mich, zerlegte mich und versetzte mein Getriebe mit großem Aufwand praktisch wieder in den Neuzustand. Mit ihm lief alles so perfekt. Für ihn muss ich nun nicht mehr viel arbeiten, ab und zu noch einen Anhänger ziehen, der dann aber nicht mehr schwer beladen ist. Zur Pflege seiner Obstbaumwiesen aber bin ich noch immer fit genug. So lebe ich nun schon in der dritten Generation in dieser Familie. Hin und wieder holt mich mein junger Herr auch nur für eine kleine Spritztour aus der Garage. Dann zeige ich ihm, was in mir steckt! Er soll es nicht bereuen, dass er mich behalten hat. Und ich, auch wenn ich schon über fünfzig bin, gehöre noch lange nicht zum alten Eisen! ■

Mein Bedienfeld für den Fahrer: einfach und übersichtlich, und alles bequem zu erreichen.

Trotz meines respektablen Alters bin ich dank fürsorglicher Pflege doch noch recht gut erhalten. Oder?

Motoren für die Landwirtschaft:

Petroleum-Lokomobile anno 1895

Zweiter Teil von Kurt Häfner

„Die Petroleummaschine, nach englischem Vorbild kurz Ölmaschine genannt, ist aus der Gasmaschine hervorgegangen. Die Anfänge dieser letzteren gehen bis in das vorige Jahrhundert zurück, Bedeutung hat sie aber erst gewonnen, als ihr Lenoir* in Paris im Jahr 1860 eine leidlich brauchbare Form gab. Als der eigentliche Schöpfer unserer heutigen Gasmaschinen ist aber N. A. Otto**, geboren 1832 in Holzhausen in Nassau, gestorben 1891 in Köln, zu betrachten. Derselbe beseitigte die Übelstände, welche den älteren Anordnungen noch anhafteten und gab der Gasmaschine die Form, in welcher sie ausgedehnte Verwendung gefunden hat und welche noch heute die maßgebende ist.“

Diese einleitenden Worte finden sich in der zeitgenössischen Abhandlung über unsere Verbrennungsmotoren – den Petroleum-Maschinen. Hier nun die Fortsetzung der in der letztjährigen Ausgabe des Jahrbuches begonnenen Publikation mit dem Schwerpunkt der Lokomobile. Gemeint sind aber nicht die dampfbetriebenen Lokomobile, sondern die Petroleumlokomobile, also auf Fahrgestellen montierte Kraftmaschinen oder Verbrennungsmotoren. Es darf noch angemerkt werden, dass sich dieser Artikel auf Letzteren aufbaut.

Petroleum-Lokomobile anno 1895, früher auch Ergomobil genannt

* Jean Joseph Etienne **Lenoir**, 1822 geboren, konnte bereits 1860 seinen mit Leuchtgas betriebenen Gasmotor der Öffentlichkeit vorstellen. Diese doppelt wirkende Maschine (hier wird der Kolben von beiden Seiten beaufschlagt) war auch in der übrigen Konstruktion den zeitgemäßen Dampfmotoren sehr ähnlich. Dennoch war die Lenoir'sche Gasmaschine Grundlage für die weitere Entwicklung unserer Verbrennungsmotoren – u. a. auch für Nikolaus August Otto.

1876: Erster Viertakt-Versuchsmotor von N. A. Otto

Quelle: KHD Köln

** Nikolaus August **Otto**, Handlungsreisender – mit Wohnsitz Köln –, war ein technisch begabter und interessierter Kaufmann. Bereits 1862 befasste er sich intensiv mit dem Kraftmaschinenbau (Motorenbau) – vorzugsweise mit dem Viertakt-Verfahren – und konnte bereits 1863 seine erste gasgetriebene Kraftmaschine präsentieren.
Damit errang er die Aufmerksamkeit des technisch gebildeten Ingenieurs Eugen **Langen**. Beide schlossen sich zusammen und gründeten 1872 im Kölner Stadtteil Deutz die weltweit erste Motorfabrik, die **„Gasmotorenfabrik Deutz AG"**.

Altmann & Co, Berlin

Da ist als Erstes die 8-pferdige Lokomobile von Altmann zu nennen, die mit einer Gesamtlänge von 4 m und einer Breite von 1,10 m ein Gewicht von 3.300 kg auf die Waage brachte und 4.200 Mark kostete.
Der Motor *liegender Bauart* lag auf dem hinteren Teil des vierrädrigen Wagengestells. Zylinder und Gehäuse der Kurbelwellenlagerung waren direkt mit den Längsträgern fest verschraubt, sodass sich die groß dimensionierten Schwungräder über den Wagenrädern und außerhalb der Längsträger frei drehen konnten. Dies verschaffte einen nahezu von allen Seiten freien Zugang zur Riemenscheibe, die wiederum auf der Außenseite mit einem der Schwungräder verschraubt war. Lediglich wenn der Riemen nach hinten geführt wurde, konnte er mit einem der größeren Hinterräder in Konflikt geraten. Gegenüber dem Zylinder waren der Kraftstofftank und der Wassertank für die Kühlung montiert. Gewählt werden konnte zwischen einer Kühlung mittels Ventilator oder einem größeren Wasserbehälter, der als Verdampfungskühler fungierte. Verwendet man die Worte der zeitgemäßen Beschreibung, so liest sich das so: *Die Kühlung des Zylinders erfolgt (...) durch eine Verdampfungskühlung, bei welcher die überschüssige Wärme des Zylinders dazu benutzt wird, um Wasser zum Sieden oder zum Verdampfen zu bringen. Dieser (...) Art der Kühlung liegt der glückliche Gedanke zu Grunde, die hohe Wärmemenge, welche zum Verdampfen des Wassers notwendig ist, dem Zylinder zu entziehen und daher mit einer geringen Kühlwassermenge auszukommen.*
Bei diesem Gesamtaufbau ragten die Steuerungsteile samt Vergaser und Heizlampe und einige kleinere Rohrleitungen über den Wagen hinaus und waren einem höheren Beschädigungsrisiko – beispielsweise beim Rangieren – ausgesetzt. Gleichzeitig war der *unempfindliche* Werkzeugkasten auf der gegenüberliegenden Seite innerhalb des Rahmens montiert und lag damit in einem geschützten Bereich. Dieser Umstand gab Anlass zu erheblicher Kritik, genauso wie die Montage des

Altmann, 8-pferdig

Wasserbehälters in direkter Nachbarschaft zur Kurbelwelle, womit der Zugang zu derselben wie auch zu den Kurbellwellenlagern als erschwert angesehen wurde.
Ein Kutschersitz war hier wohl nicht vorhanden - mit dem Hinweis, dass auch ein Dampflokomobil über keinen derartigen Sitz verfüge! Gebremst wurde mittels einer auf Holzklötze wirkenden Spindelbremse, wo dieselben auf die eisernen Radreifen gedrückt wurden.
Die 8-pferdige Leistung schöpfte der Motor aus einem Zylinderdurchmesser von 230 mm und einem Kolbenhub von 400 mm, die Drehzahl lag bei 180 Umdrehungen in der Minute.

Gasmotorenfabrik Deutz, Köln-Deutz

10 PS leistete die Lokomobile der Deutzer Gasmotorenfabrik, die mit einer Gesamtlänge von 3,6 m und einer Breite von 2 m ein Gewicht von 3.000 kg auf die Waage brachte und 5.200 Mark kostete.
Hier ruhte der Motor *stehender Bauart* auf der Hinterachse des vierrädrigen Fahrgestells, das mit gekröpften, nach vorne hochgezogenen Rahmenträgern ausgestattet war. Zum Aufbau kam Ottos modernste Petroleummaschine – Modell H –, die mit in Längsrichtung liegender Kurbelwelle mit dem Fahrgestell fest verschraubt war. Die Zweistufen-Riemenscheibe war zwar direkt auf der Kurbelwelle aufgesetzt, der Kraftschluss aber konnte mittels einer Kupplung getrennt werden. Nach den Riemenscheiben etwa in der Fahrgestell-Mitte war die Kurbelwelle zusätzlich gelagert.
Die Vorderräder – im Durchmesser erheblich kleiner als die Hinterräder - waren so groß, dass sie die Rahmenträger zum Lenken unterfahren konnten. Mit dieser Bauweise erreichten ihre Erbauer einen besonders tiefliegenden Schwerpunkt, der der Lokomobile einen sicheren Stand vermittelte.
Über der Vorderachse waren sowohl der Kraftstofftank als auch der Kühlwasserbehälter – ein schwerer schmiedeeiserner Behälter – aufgebaut. Die Kühlung war eine übliche Verdampferkühlung, die Umwälzung des Kühlwassers erfolgte durch eine Wasserpumpe. Der Wasserverbrauch bei dieser modernen Kraftmaschine lag bei 12 bis 15 Litern je Stunde und reichte für einen acht- bis zehnstündigen Betrieb. Der effektive Kraftstoffverbrauch lag bei etwa einem halben Kilo Petroleum je PS und Stunde.
Das Vorderteil des Wagens bildete der Kutschersitz mit Fußablage und Aufstiegstritt, auf dem ein Fahrer Platz nehmen konnte, während die Lokomobile mit einem Pferdegespann zum Einsatzort gezogen wurde. Gebremst wurde auch hier mittels einer Spindelbremse und Holzklötzen.
Der Aufbau des Motors mit längsliegender Kurbelwelle machte es möglich, das kräftig ausgefallene Schwungrad auf der Wagenrückseite frei zugänglich zu platzieren und doch durch die überstehenden Hinterräder seitlich abzuschirmen, denn über das Schwungrad wurde die Kraftmaschine - wie bei den übrigen Modellen auch - nach dem Vorheizen angedreht.
Die 10-pferdige Leistung schöpfte der Motor aus einem Zylinderdurchmesser von 200 mm und einem Kolbenhub von 240 mm, die Drehzahl lag bei 330 Umdrehungen in der Minute.

Deutz, 10-pferdig

Grob & Co. Spezialfabrik für Petroleum-Motoren, Leipzig

Ganze 8 PS leistete die Grob'sche Lokomobile, die mit einer Gesamtlänge von 3 m und einer Breite von 1,7 m ein Gewicht von 2.850 kg auf die Waage brachte und 4.750 Mark kostete.
Die Grundlage der Lokomobile bildete ein vierrädriges Fahrgestell mit aufgebauter Pritsche, die auf stabilen Stahlträgern ruhte. Vorne waren es kleiner ausfallende Räder, die über eine Drehschemellenkung das Fahrwerk unterfahren konnten, wogegen auf der Rückseite stabile Speichenräder größe-

Grob, 8-pferdig

ren Durchmessers bis zur Oberkante der Pritsche reichten.
Zusammengesetzt war die Lokomobile aus dem Motor *stehender Bauart*, einem Ventilationskühlgefäß, dem Kraftstofftank und einem groß ausfallenden Werkzeugkasten, der auf der Pritschenvorderseite gleichzeitig als Kutschersitz genutzt werden konnte. Hier war auch das Handrad der Holzklotz-Spindelbremse zu finden.
Der Motor kam auf der Hinterachse so zum Einbau, dass auf der linken Seite das Schwungrad und rechts die Riemenscheibe frei zugänglich waren. Zusätzlich zur Abtriebsriemenscheibe gab es noch eine Riemenscheibe für den Windflügel des Verdunstungskühlers, wie er hier genannt wurde. Im Gegensatz zur abgebildeten Maschine, die noch mit einem einfachen Rundriemen-Antrieb ausgestattet ist, war der Riementrieb der neuen Maschine winklig angeordnet und zusätzlich durch zwei Leitrollen geführt, um den waagerecht im Kühlbehälter eingebauten Lüfterflügel antreiben zu können. Mit dieser moderneren Bauweise ließ es sich aber nicht vermeiden, dass der Riemen mit Kühlwasser benetzt wurde, was zu erheblichen Betriebsstörungen und schließlich zum Ausschluss für den weiteren Wettbewerb führte. Anlass zu schwerwiegender Kritik gab auch der Gesamtaufbau mit Anordnung der einzelnen Bauteile, der nach Meinung der Prüfungskommission die Ausbildung einer Lokomobile generell in Frage stellte, orientierte man sich hier streng an den dampfgetriebenen Lokomobilen.
Unstrittig dagegen war die ebenfalls nachteilige hohe Schwerpunktlage, die durch die Plattformbauweise verursacht wurde.
Ihre 8-pferdige Leistung schöpfte die Kraftmaschine aus einem Zylinderdurchmesser und Kolbenhub von jeweils 230 mm, die Drehzahl lag bei 260-280 Umdrehungen.

Dresdener Gasmotorenfabrik, Dresden

Wiederum 8 PS leistete die Kraftmaschine der Lokomobile der Dresdener Gasmotorenfabrik, die eine Gesamtlänge von stolzen 4,5 m und eine Breite von 1,9 m aufweisen konnte. Das Gewicht lag bei 3.500 kg, und sie kostete 4.800 Mark.
Auch hier gab es ein stabiles vierrädriges Fahrgestell mit Rahmen und Pritsche, Drehschemellenkung und Spindelbremse, jedoch – man mag es kaum glauben – mit gefederten Achsen. Jedem Rad war eine Blattfeder zugeordnet, und es gab ein auf sechs Säulen ruhendes Blechdach.
Die Pritsche füllte von der Mitte nach vorne die komplette Fläche zwischen dem Stahlrahmen, wogegen der hintere Pritschenteil nur in der Mitte vorhanden und höher gesetzt war. Rechts und links zum Rahmen gab es Öffnungen. Auf diesem höher gesetzten Pritschenteil ruhte die Kraftmaschine, hier in *liegender Bauart* ausgeführt, sodass die Kurbelwelle nahezu senkrecht über der Hinterachse verlief. Rechts und links waren die wuchtigen Schwungräder auf der Kurbelwelle aufgesetzt und ragten in die Aussparungen der Pritsche. Der Zylinder wiederum zeigte in die Wagenmitte, und davor füllte der Verdampfer-Kühlerkasten den vorderen Pritschenteil bis hoch unters Dach aus. Diese Anordnung bot den Feinteilen rund um den Zylinderkopf einen erheblichen Schutz vor jeglicher Beschädigung, die beim Betrieb oder Transport auftreten hätten können. Nur der Kraftstofftank war recht hoch angeordnet – er hatte seinen Platz auf dem Dach erhalten. Obwohl der Gesamtaufbau einen soliden Eindruck vermittelte, wurde mit dieser Bauweise ein recht hoher Schwerpunkt erreicht, der auch von der Prüfungskommission bemängelt wurde.

Hille, 8-pferdig

Recht großzügig war man bei der Wahl der Riemenscheiben, denn hier stand eine 60 cm große Scheibe zur Verfügung, die mit dem rechten Schwungrad verschraubt war und die Motordrehzahl weitergab. Zusätzlich gab es auf der Vorderseite eine Vorgelegewelle mit einer Stufenscheibe von 30 und 80 cm Durchmesser und einer auf 530 U/min gesteigerten Drehzahl.

Auf Wunsch standen wasserdichte Planfolien zur Verfügung, die auf allen vier Seiten am Dach befestigt und nach unten gerollt werden konnten.

Um die 8-pferdige Leistung zu erreichen, verfügte der Motor über einen Zylinderdurchmesser von 200 mm und einen Kolbenhub von 400 mm, die Drehzahl lag bei 240 Umdrehungen in der Minute.

Richard Langensiepen, Magdeburg-Buckau

Ein halbes PS mehr, nämlich 8½ PS leistete die Kraftmaschine der Lokomobile von Richard Langensiepen, die mit einer Gesamtlänge von 3,5 m und eine Breite von 1,8 m ein Gewicht von 2.500 kg auf die Waage brachte. Der Preis lag bei 4.200 Mark.

Die ungefederten Achsen des vierrädrigen Fahrgestells wurden hier durch zwei besonders wuchtige Stahlträger verbunden, deren obere Fläche für den Aufbau der einzelnen Baugruppen genutzt wurde. Der hintere Teil davon war von der Kraftmaschine belegt, die Kurbelwelle kam nahezu in der Wagenmitte zum Einbau. Der *liegende Zylinder* ragte nach hinten, war aber den Rahmenteilen gegenüber nicht überstehend, sodass der notwendige Schutz der Steuerungsteile gegeben war.

Dieser Motor verfügte über nur ein Schwungrad auf der rechten Wagenseite, wogegen die linke Seite mit der Riemenscheibe bestückt war. Nach vorne war wiederum ein kräftiger, aus großflächigen Stahlblechen zusammengesetzter und vernieteter Wasserkasten, der die Funktion eines Verdampferkühlers erfüllte. Nach vorne abgeschlossen wurde der Aufbau mit einem Kutschersitz samt Fußablage.

Obwohl die Lokomobile insgesamt bei der Prüfung recht gut abschneiden konnte, wurde ihr am Ende doch eine Unbrauchbarkeit für den bäuerlichen Alltag attestiert. Dies deshalb, da die Vorderräder zu klein und ihre Auflagefläche als zu schmal bewertet wurden, war sie doch beim Wegfahren nach Beendigung der Prüfung auf weichem Boden bis zur Vorderachse eingesunken.

Verantwortlich hierfür waren der Gesamtaufbau, der für die recht hohe Schwerpunktlage verantwortlich war, und die überdimensional hohen Träger, die wiederum eine niedrige Bodenfreiheit zur Folge hatten. Doch für den Lenkvorgang ließ es sich nicht vermeiden, die Träger mit den Vorderrädern zu unterfahren, die deshalb im Durchmesser so klein ausfallen mussten. Um die Motorleistung von 8½ PS zu erreichen, verfügte der Motor über einen Zylinderdurchmesser von 220 mm und einen Kolbenhub von lediglich 200 mm, die Drehzahl dagegen lag bei 350 Umdrehungen.

Langensiepen, 8½-pferdig

Schwarzkopf, 8½-pferdig

Berliner Maschinenbau AG

Auch hier eine 8½ PS starke Kraftmaschine liegender Bauart als Kraftquelle für die Lokomobile der Berliner Maschinenbau AG. Diese Lokomobile brachte es auf eine Gesamtlänge von 3,5 m, die Breite betrug 2 m und das Gewicht 3.400 kg. Der Preis lag bei 5.000 Mark.

Bei dieser Lokomobile sah der Gesamtaufbau völlig anders aus als bei den bisher beschriebenen Modellen, obwohl auch deren Bauweise zum Teil recht unterschiedlich ausgefallen war. So war beispielsweise der Motor auf dem vorderen Wagenteil mit direkt über der Vorderachse liegenden Kurbelwelle verschraubt, die recht groß ausgefallenen Schwungräder lagen über den Vorderrädern, der Zylinder ragte nach hinten und reichte bis zur Hinterachse. Zusätzlich war das Fahrgestell durch ein über die komplette Länge reichendes Blechdach geschützt, und der hintere Wagenteil war zusätzlich mit einem bis zur Wagenmitte reichenden Holzverschlag versehen. Hier lagerte der komplette Zylinder samt den schutzbedürftigen Steuerungselementen. Um dennoch eine bequeme Zugänglichkeit zu diesen Teilen zu erreichen, waren rechts und links große Fensteröffnungen vorhanden, hinten sogar eine türgroße Öffnung, die alle mit Holzläden verschlossen werden konnten.

Der Holzverschlag selbst war so weit nach unten gezogen, dass er unter die Stahlträger ragte und selbst die Hinterachse einschloss. Im Inneren, über dem Zylinder, fand sich der quer eingebaute Kraftstofftank. Recht außergewöhnlich war der Auspuff, der – aus dem Zylinder kommend – zunächst unter den Rahmen in einen großen Schalldämpfer geleitet wurde. Auf der gegenüberliegenden Seite trat er wieder aus und führte bis übers Dach senkrecht nach oben. Hatte er mittlerweile eine Höhe von runden zwei Metern erreicht, so schien dies den Erbauern bei weitem nicht zu reichen, denn auf dem Dach lag ein weiteres Rohr von nochmals gleicher Länge, das während des Betriebs als Verlängerung nach Art der Dampflokomobile aufzustellen und zu verankern war.

Die Riemenscheibe auf der rechten Fahrzeugseite war auf die Kurbelwelle aufgesetzt, konnte aber mittels einer Reibungskupplung getrennt werden.

Vermittelte diese Lokomobile auf den ersten Blick einen sehr überzeugenden Eindruck und machte einen glauben, dass hier wirklich an alles gedacht wurde, so konnte eine nähere Betrachtung nicht über die auch hier unterlaufenen Fehler hinwegtäuschen. Suchte man beispielsweise nach dem Kühler, so war dies vergebens, denn diese Maschine hatte keinen. Hier gab es einen weiteren Wagen, auf dem ein schwerer, aus gusseisernen Platten hergestellter und vernieteter Wasserkasten verschraubt war, der als Verdampferkühler genutzt wurde. Er wurde neben der Lokomobile aufgestellt und mit Schläuchen an den Motor gekoppelt, eine recht umständliche Vorgehensweise, die wenig Sympathie erntete. Wenig Anerkennung fanden auch die zu klein geratenen Vorderräder, die, mit dem Hauptgewicht des Motors belastet, schnell in unbefestigtem Boden zu versinken drohten. Hierzu gesellte sich die recht

hohe Schwerpunktlage, die einen Transport mit dem Gespann mitunter recht abenteuerlich werden lassen konnte.
Mit einen Zylinderdurchmesser von 250 mm und einen Kolbenhub von 400 mm, erreichte die Kraftmaschine ihre 8½ PS bei 190 Umdrehungen.

Daimler Motoren-Gesellschaft Cannstatt

Recht kompakt wirkte die Lokomobile der Daimler Motoren-Gesellschaft aus Cannstatt, die lediglich 4 PS leistete. Mit einer Länge von 3,3 m und einer Breite von 1,7 m brachte sie *nur* 1.850 kg auf die Waage. Entsprechend niedrig auch der Preis, denn sie stand für 3.150 Mark zum Verkauf.
Ein vierrädriges Wagengestell mit Drehschemellenkung, einer Deichsel für den menschlichen Zug, einer Spindelbremse und einer Plattform für den weiteren Aufbau verschafften auch dieser Lokomobile einen recht hohen Schwerpunkt, der nicht ohne Kritik bleiben konnte. Hierzu trug zusätzlich der Motor bei, der in *stehender Ausführung* gefertigt war. Er war über der Hinterachse verschraubt und wirkte recht zierlich. Er war mit nur einem Schwungrad ausgerüstet, mit dem die Riemenscheibe fest verschraubt war. Die Steuerungsteile waren über dem Motor angeordnet und lagen somit in einem geschützten Bereich. Ferner beurteilte die Prüfungskommission den Motor wie folgt: *Die Petroleummaschine ist ein gewöhnlicher Daimler-Motor mit innerer Zündung. Für den Betrieb auf dem Feld erwächst aus diesem Umstand der Vorteil, dass die Lampe* (Heizlampe) *wegfällt, welche bei Motoren mit offener Heizflamme durch Zugwind leicht ausgelöscht werden kann.*
In der Wagenmitte war ein schlanker, hoher Stahlbehälter aufgebaut der als Verdampferkühler fungierte. Die großflächige Bauweise fasste so viel an Wasser, dass hier kaum ein Verbrauch zu beklagen war. Der Behälter diente gleichzeitig als Träger für das Dach, mit dem der Kühler und die Kraftmaschine abgedeckt waren. So gab es lediglich eine kleine Kühler-Öffnung neben dem Kraftstofftank, die über dem Dach montiert war.
Die 4-pferdige Daimler-Kraftmaschine verfügte über einen Zylinderdurchmesser von 175 mm und einen Kolbenhub von 280 mm, die Drehzahl lag bei 240 Umdrehungen je Minute.

Robey & Co, Breslau und Berlin

Mit 4 PS im unteren Leistungsbereich angesiedelt war auch Lokomobile der Robey & Co, die mit einer Gesamtlänge von 3 m und einer Breite von 1,8 m ein Gewicht von 3.225 kg auf die Waage brachte. Der Preis lag bei 4.550 Mark.
Gab es Bestrebungen nicht nur von Seiten der Prüfungskommission, den Gesamtaufbau einer Petroleum-Lokomobile dem der Dampflokomobilen anzupassen, so wurde Robey & Co als einziger Hersteller dieser Vorstellung am ehesten gerecht. Man sprach *vom Bestreben, welches hier obgewaltet hatte, den organischen Aufbau einer*

Daimler, 4-pferdig

Dampflokomobile herzustellen.
Befasst man sich mit dem Aufbau dieser Maschine, so ist festzustellen, dass es hier kein Fahrgestell im üblichen Sinn gibt, sondern einen Dampfkessel als Träger des Gesamtaufbaus. Aber es wurde hier ja kein Dampf mehr benötigt, also diente der Behälter als Wasservorratsbehälter. Anstelle der Feuerbüchse gab es einen groß dimensionierten Kraftstofftank auf der hinteren Unterseite, der stabil mit dem Wasserbehälter vernietet war und zusätzlich die Hinterachse aufnahm. Mit diesen zwei Tanks konnte so viel an Vorrat getankt werden, dass bei einem acht- bis zehnstündigen Arbeitstag eine ganze Woche gearbeitet werden konnte.
Über dem Wasserkessel lag die Petroleum-Kraftmaschine, ähnlich der sonst üblichen Dampfmaschine, die in *liegender Bauart* und mit zwei Schwungrädern ausgestattet war.
Vorne, über der Vorderachse, war der *Kamin* (sprich Auspuff) in herkömmlicher Weise montiert und führte senkrecht nach oben.
Wasser und Kraftstoff wurden jeweils über Pumpen zum Motor hochgepumpt, die wiederum vom Motor angetrieben wurden. Die Steuerungsteile waren auf der Rückseite über dem Wasserkessel angebracht und fanden durch die nach hinten überstehenden Hinterräder einen gewissen Schutz. Da der Motor mit offener Heizflamme arbeitete, war der ständige Einsatz einer Heizlampe notwendig.
Ja, obwohl hier das Bestreben obgewaltet hatte, dem organischen Aufbau einer Dampflokomobile am nächsten zu kommen, stellte sich die Prüfungskommission dennoch die Frage, ob hier der richtige Weg verfolgt wurde.
Unbestritten jedoch war, dass die Mehrzahl der mit Dampflokomobilen vertrauten Kundschaft dieser Konstruktion vorrangig Vertrauen schenkte.
Dann allerdings trat ein Umstand ein, der alles zunichte machte: Bereits zu Beginn der Prüfung ließ sich der Motor nicht starten. Auch dem eiligst herbeigerufenen Monteur aus der Firma gelang es nicht, die Maschine zum Laufen zu bringen, sodass die Firma letztlich gezwungen war, aus der Prüfung auszusteigen.
Die 4-pferdige Kraftmaschine der Robey-Lokomobile verfügte über einen Zylinderdurchmesser von 217 mm und einen Kolbenhub von 306 mm, die Drehzahl lag bei 250 Umdrehungen je Minute. ■

Roby, 4-pferdig

Die Entwicklung der Solo-Motorsense

Eine Solo für die Grasernte

Von Wolfram Zimmermann

Es war im Sommer 2006, beim 3. Oldtimer-Schleppertreffen in Bottenau im schönen Renchtal, wo sich viele Oldtimerfreunde trafen. Angereist an diesem herrlichen Tag war auch Lothar Spraul, ein Freund und Sammler alter Motorräder. Er besuchte unser Fest und war begeistert über die Vorführungen, die unsere aktiven Schlepperfreunde den Zuschauern boten. In einem fachlichen Gespräch unter Oldtimerfreunden erzählte er mir von einem einrädrigen Motormäher. Für mich ein Grund, intensive Nachforschungen anzustellen.

Nur wenige Wochen nach dem Schleppertreffen in Bottenau besuchte ich meinen Oldtimerfreund Lothar. In blauer Latzhose und guter Laune begrüßte er mich und zeigte mir vorab sein privates Motorradmuseum. Von Ardie bis Zündapp, vom Roller bis zum motorisierten Krankenfahrstuhl, hier sauber aufgereiht, alles hatte seine Geschichte und jedes Gefährt hatte Lothar ein paar Jahre begleitet. Nach diesem sehr informativen Rundgang und einigen fachlichen Anmerkungen zeigte er mir nun die Motorsense der Marke Solo.

Mit den Worten: ,,Kum, mir losse des alte Möbel mol laufe“, holte

Kum, mir losse des alte Möbel mal laufe

Lothar die Motorsense mitten zwischen den alten Motorrädern und Rollern hervor. Nach einigen Startversuchen lief der Motor schließlich und in der Werkstatt verbreitete sich in Windeseile eine blaue Wolke als Überbleibsel des Zweitaktgemischs aus dem Tank. Als Versuchsfeld diente eine kleine Wiese hinter dem Haus. Mit einer ruckartigen Bewegung im Getriebe setzte sich die Motorsense in Bewegung. Nach dieser Vorführung in heimischem Gelände wurde das Arbeitsgerät wieder ordnungsgemäß zwischen Motorrädern und Rollern geparkt.

Im Anschluss erfuhr ich nun, wie Lothar an dieses seltene Objekt kam und wieso ihn diese Maschine so faszinierte. „Alles, was mit Motoren bewegt oder angetrieben wird, stößt bei mir auf großes Interesse“, erklärte er kurz und trocken.

Aktuelles Internet-Logo der Firma Solo. Auch heute konzentriert sich die Firma im Kerngeschäft auf Kleinmotorgeräte für Garten, Rasen- und Gehölzpflege.

Ein paar Jahren zuvor kaufte ein Oldtimerfreund diese Sense bei einem Schrotthändler mit der Absicht, dieses Gerät herzurichten. Doch unvorhergesehene Schwierigkeiten machten jenem klar, dass dieses Vorhaben für ihn nicht in Frage kam. So kaufte ihm Lothar die Motorsense ab und wurde dadurch zum letzten Eigentümer. Nach einem halben Jahr und kräftigem Tüfteln wurde dieses Unikum von Motorsense zum Leben erweckt. Knattern und ein unruhiges Laufverhalten sind die Erfolge dieser Restaurierung.

Die neue Motorsense von SOLO

Eine Solo-Motorsense unterscheidet sich von den üblichen Spezialmähern schon
auf den ersten Blick grundlegend. Bekanntlich rufen die hin- und hergehenden Massen des Mähbalkens ziemlich starke Massenkräfte hervor, die sich sehr ungünstig auf jede Maschine auswirken. Um diese Masse abzufangen, wurden deshalb alle Mähmaschinen verhältnismäßig schwer gebaut. Damit sie keine zu großen Schwingungen übertragen können, wurde zum Beispiel bei Frontmähern die schwingende Masse des Mähmessers weit vor die Maschine gebaut. Es war schwierig, all die Vibrationen abzufangen. Auch der Grasabfluss brachte für sämtliche Mähmaschinen Schwierigkeiten mit sich. Deshalb wurde die neue Solo-Sense als Einrad-Seitenmäher konstruiert und gebaut. Die Hauptmasse lag hier nun genau in der Richtung des hin- und hergehenden Messers. Hiermit konnten die Massekräfte, die dieses Messer hervorruft, von der gesamten Mähmaschine aufgenommen werden. Die Bauweise dieser Maschine erfolgte in leichter Bauart. Waren der Motor und der gesamte Antrieb bei jeder Mähmaschine für die Grasabfuhr im Weg, so waren bei der Solo-Sense diese Teile in das Innere des Antriebrades verlegt. Das Ergebnis waren gute Fahreigenschaften selbst auf unebenem Gelände. Die Führung der Maschine erfolgte über einen Holm, der nach vorne zeigte. Auf

Blick auf die Außenseite des Antriebsrats.

diese Weise wurde die Führung leicht und überschaubar gemacht. Ein müheloses Umfahren von Hindernissen ließ die Motorsense auch in Steillagen und Böschungen einwandfrei zu. Die Solo-Sense besitzt zwei Fahrgeschwindigkeiten, zum einen eine langsame Geschwindigkeit für Steillagen und schwer begehbare Flächen, zum andern eine schnelle Fahrgeschwindigkeit für die ebenen Flächen und den Transport. Für den Transport kann der Mähantrieb abgeschaltet werden.
Technische Einzelheiten

Technische Daten:	
Motor:	Zweitakt-Verbrennungsmotor
Hubraum:	98 ccm
Leistung:	4 PS
Kraftstoffverbrauch:	1 l/Std
Tankinhalt:	2 l
Gesamtgewicht:	68 kg
Luftfilter:	Ölbad-Filter
Kühlung:	Saug-Gebläse
Antriebsrad:	600 mm mit Gummiprofil
Aufbau:	Motor, Getriebe, Benzintank und Auspuff sind im Antriebsrad untergebracht
Antrieb:	Antriebsrad wird durch eine Motorradkette vom Motor angetrieben
Kupplung:	Lamellenkupplung
Schaltung:	über Gestänge
Mähwerk:	Busatis-Mulchschneidwerk
Schnittbreite:	1 m
Fahrgeschwindigkeiten:	1. Gang: 2 km/h, 2.Gang: 3,5 km/h
Flächenleistung:	1. Gang: ca. 15 ar je Std, 2.Gang: 30 ar je Std.

Die Firma Solo

Gegründet wurde die Firma Solo im Jahre 1948 von den Brüdern Heinz und Hans Emmerlich in Maichingen bei Sindelfingen. Die Firma Solo baute leichte Industriemotoren mit einer Leistung von 1,2 PS. Auch im Zweiradbau entwickelte diese Firma einen 60-ccm-Roller mit Vollverkleidung für die Firma Heinkel. Von 1950 bis 1958 wurden neue Motorhacken, Motorsägen, Rückstäubgeräte und Rasenmäher entwickelt und gebaut. Die Firma Solo breitete sich durch verschiedene Niederlassungen auf der ganzen Welt aus, wie zum Beispiel 1960 mit der Niederlassung in Newport/Viginia, in den USA.

Nicht nur Motorsägen der Marke Solo-Rex wurden im Jahre 1958 gefertigt, auch die Solo-Motorsense wurde entwickelt und in kleinen Stückzahlen gebaut. Für die Firma ging es mit in- und ausländischen Niederlassungen immer stetig nach oben. In den siebziger Jahren wurden Elektro-Mofas, Außenbordmotoren und sogar ein Allgelände-Sechsradfahrzeug gebaut. Dann wurden in den achtziger Jahren neue Konzepte im Pflanzenschutz und Gartenbau erstellt. Der Multi-Mot für verschiedene Zusatzgeräte und Antriebe sowie die neuen Motorsensen eroberten Kommunalverwaltungen, Landwirtschaft und Freizeitgärtner. Außerordentlich war das Jahr 1992: Es erfolgte die Vorstellung der Kraft-Wärme-Kopplungsanlagen, des Stirling-Motors. Ein neues Zukunftsprojekt in umweltfreundlichem Einsatz. Geringe Abgasmenge, eine lange Lebensdauer und ein niedriger Geräuschpegel sind die Garanten dieses Stirlings-Motors. Die Firma Solo verbesserte und entwickelte immer wieder ihre Produkte, die auch mit einigen Zertifizierungen ausgezeichnet wurden. Heute noch werden diese Produkte weltweit benutzt. ■

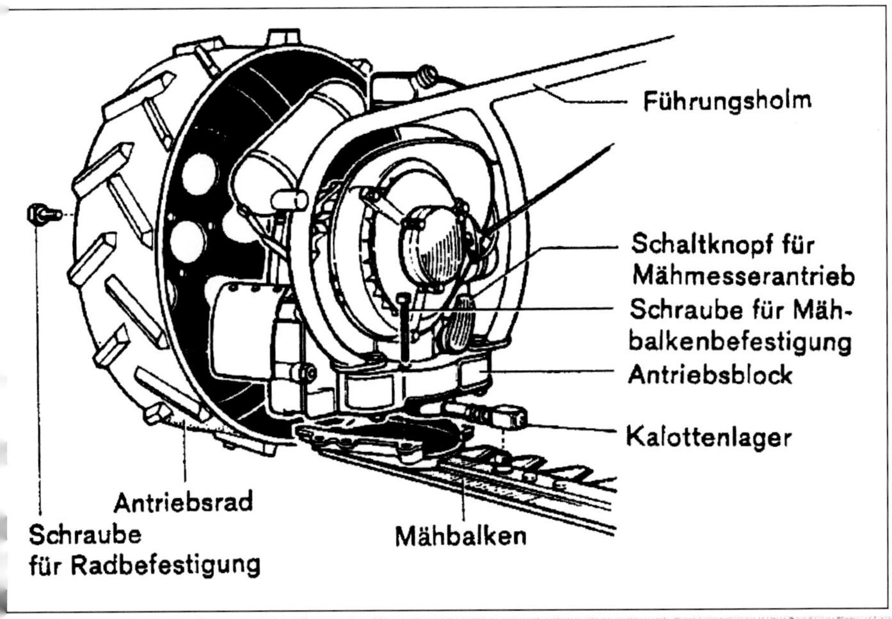

Die Einrad-Motorsense im Detail: klein, kompakt und leicht zu Händeln. Für größere Rasenflächen sicherlich eine Alternative zum Mulchmäher.

Verkaufte Traktoren in Deutschland

Fendt 930 Vario, 310 PS

Lamborghini R 2.86, 87 PS

Case IH MCM 190, 240 PS

Valtra S 280, 280 PS

Die Zulassungsstatistik des Jahres 2006:

Platz	Hersteller	Verkaufte Stückzahl	Anteil in %
1	John Deere	6.006	20,7
2	Fendt	4.649	16,0
3	Deutz-Fahr	3.106	10,7
4	Case IH / Steyr	2.651	9,1
5	New Holland	1.750	6,0
6	Claas (Renault)	1.603	5,5
7	Massey-Ferguson	1.283	4,4
8	Kubota	955	3,3
9	Same	923	3,2
10	Iseki	872	3,0
11	Mercedes	605	2,1
12	Valtra	539	1,9
13	Landini	385	1,3
14	Minsk	339	1,2
15	McCormick	307	1,1
16	Holder	190	0,7
17	Lindner	188	0,6
18	Carraro	161	0,6
19	Zetor	143	0,5
20	Hako	108	0,4
	Sonstige	2.241	7,7
	Gesamt	29.004	100,0

Kirovets K 3000 ATM, 160 PS

Die Geschichte der

Steyr-Traktoren

Dritter Teil von Michael Karle

Schon seit langer Zeit beschäftigte man sich bei der österreichischen Steyr-Daimler-Puch mit dem Bau landwirtschaftlicher Traktoren. Steyr-Traktoren werden auch bei uns in Deutschland gefahren, besonders im süddeutschen Raum. Michale Karle, selbst mit Steyr-Traktoren aufgewachsen und eng vertraut, hat sich mit der Geschichte dieser Traktoren befasst und bereits in den letzten beiden Jahrbüchern die Entwicklungsgeschichte bis zum Jahr 1980 vorgestellt. Hier nun die Fortsetzung.

Im Jahr 1980 stellte Steyr zusammen mit der ebenfalls in Österreich beheimateten Landmaschinenfirma Pöttinger ein neues Mechanisierungssystem vor. Es bestand aus einem Trägerfahrzeug mit der Bezeichnung Steyr 8300, das wahlweise mit einem 200- oder 260-PS-Motor ausgerüstet werden konnte. Dieses Fahrzeug war in beiden Fahrtrichtungen einsetzbar und an beiden Fronten mit einem hydraulischen Kraftheber und Hydraulikanschlüssen für den Geräteanbau ausgerüstet. Zusätzlich ließ sich die Motorkraft von der Zapfwelle abnehmen, die ebenfalls an beiden Fronten vorhanden war. In der hoch gelegenen Fahrerkabine befand sich ein Wendesitz, sodass der Fahrer immer vorwärts fahren konnte.

Mit der Baureihe 8055 ließen sich alle bäuerlichen Wünsche erfüllen. Selbst die Bergbauern konnten darauf zurückgreifen, wie hier eindrucksvoll mit einem Standardtraktor demonstriert wird.

Ein umfangreiches Geräteprogramm war geplant und schon 1981 sollte die Serienfertigung starten. Als erstes Gerät kam der von Pöttinger gebaute Scheibenrad-Feldhäcksler Mex V mit verschiedenen Vorsätzen wie PicUp, Mähwerk oder Maisgebiss zur Anwendung. Natürlich konnten

Zusammen mit Pöttinger: ein neues Mechanisierungssystem

auch weitere Geräte angebaut werden. Bei uns beispielsweise hat ein Lohnunternehmer bis auf den heutigen Tag den Steyr 8300 mit Kemper-Maisgebiss im Einsatz.

Neben der rotweißen Steyr-Farbgebung gab es diese Maschine auch als Pöttinger Mex Mobil und der Firmierung Pöttinger. Erwähnenswert wäre noch, dass das Fahrzeug einen hydrostatischen Fahrantrieb besaß, der in drei Fahrstufen Geschwindigkeiten bis zu 20 km/h zuließ.

1980 war Steyr mit 4.410 verkauften Traktoren in Österreich absoluter Marktführer mit 40 Prozent Marktanteil, bei uns in Deutschland allerdings nahm das Unternehmen mit 538 Maschinen lediglich den 14. Platz in der Zulassungsstatistik ein. Dies entspricht einem Marktanteil von ganzen 1,2 Prozent.

Im Jahre 1981 vermeldete die landwirtschaftliche Fachpresse, dass Steyr zukünftig seine Komfort-Traktorenkabinen serienmäßig mit Dachluken ausrüsten werde, um so die durch die Sonneneinstrahlung entstandene Hitze auch ohne Klimaanlage abführen zu können.

Im Jahr 1982 erweiterte Steyr das Angebot um den Schlepper 8055, der die Baureihe nach unten ergänzte. Auch hier sorgte für den Antrieb ein Dreizylinder-Diesel aus dem eigenen Hause, der 48 PS lei-

Für den Weinbau gab es die Schmalspurausführung 8055s mit einer Gesamtbreite von unter einem Meter.

stete. Das Wendegetriebe hatte jeweils acht Vorwärts- und Rückwärtsgänge, sodass für jede Arbeit die wirtschaftlichste Geschwindigkeit gewählt werden konnte. Zusätzlich konnte auf Wunsch eine Vorschaltgruppe eingebaut werden, die die Schaltstufen bei den Vorwärtsgängen auf 16 erweiterte. Ausgerüstet war der Schlepper mit einer unter Last zuschaltbaren Motorzapfwelle mit 540 und 1.000 U/min, sowie einem Mähantrieb und der mehrfach erwähnten Steyr-Regelhydraulik. Der Fahrersitz war als so genannter Komfort-Schwe-

Ob Hinterrad- oder Allradmaschine, als Schmalspur-Traktor oder mit Schnellgang – die Baureihe 8055 erfüllte alle Wünsche

besitz ausgebildet, der Fahrerplatz als so genannter Reitsitz ausgeformt, das heißt, dass der Getriebetunnel in den Fahrerstand ragte, es also keine durchgängige Plattform gab.
Neben dem Standardmodell stand auch hier eine Allradausführung als Typ 8055a zur Wahl, die von der Fachwelt besonders gerne gekauft wurde. Zusätzlich gab es noch die Schmalspurversion 8055s für den Weinbau und andere Sonderkulturen und auch hier wurde zusätzlich zur Hinterradausführung eine Allradausführung gebaut, die als Typ 8055as geführt wurde. Daneben wurden – laut Mitteilung der landtechnischen Presse – die beiden Allradmodelle Steyr 8070a und 8080a mit einem 40-km/h-Schnellgang ausgestattet.

Kooperation mit finnischem Forstmaschinenhersteller Rauma-Repola

Noch im selben Jahr kooperierte Steyr mit dem finnischen Forstmaschinenhersteller Rauma-Repola, der hauptsächlich Forwarder, Prozessoren und Vollernter herstellte.

1981: Werbung für den leistungsstärksten Steyr-Traktor mit 120 PS. Ab 1982 wurde er mit einem 40-km/h-Getriebe abgeboten.

Diese Forstmaschinen sollten über die Steyr-Vertriebsorganisation in Österreich, der Bundesrepublik, der Schweiz, in der DDR, Jugoslawien, Bulgarien und bis nach Rumänien verkauft werden. Im Gegenzug wollte Rauma-Repola Steyr-Forstmaschinen in den nor-

Eine Steyr-Hinterradmaschine 8070 und angehängt ein Hamster-Ladewagen 8028. Auch im Ladewagenbau war die Firma mittlerweile über 20 Jahren erfolgreich tätig.

Mitte der achtziger Jahre präsentierte Steyr den Typ 8090 a als Folgemaschine des 8080 a.

dischen Staaten Schweden, Finnland und Norwegen vertreiben, ebenso sollten auch Steyr-Dieselmotoren nach Finnland geliefert werden.
Damit waren die Neuigkeiten der Fachpresse für das Jahr 1983 erschöpft, doch zur DLG-Ausstellung 1984 sollte es wieder viel Neues aus der österreichischen Traktorenschmiede geben. Beispielsweise war ein neuer Reitsitz-Traktor hinzugekommen: der Steyr 8075. Der Motor leistete 64 PS und das Getriebe verfügte über 16 Vorwärts- und 8 Rückwärtsgänge. Natürlich gab es auch eine Allradversion. Steyr hatte diese Maschine, die leicht im Gewicht war, dazu niedrig in der Bauart und vor allem preisgünstig, als Grünlandtraktor und als Universalmaschine für Ackerbaubetriebe vorgesehen. Auch eine Schmalspurausführung war in Planung und sollte bereits zur nächsten Saison lieferbar sein. Bei den so genannten Plattformtraktoren gab es gleich drei neue Modelle: Der Typ 8090/8090a wurde zur Programmergänzung aus dem 8080/8080a weiterentwickelt und leistete mit dem turbogeladenen Motor 80 PS. Diese Maschine zeichnete sich durch eine besondere Laufruhe und einen sparsamen Kraftstoffverbrauch aus.

Weiter verfügten die Schlepper über ein vollsynchronisiertes Wendegetriebe und einen zentralen Allradantrieb mit neu entwickelter Lenkachse.
Die bewährten Modelle 8100/8100a und 8120/8120a wurden abgelöst und durch die Typen 8110/8110a und 8130/8130a ersetzt. Diese neuen Maschinen hatten Motoren mit höheren Leistungen von 90 bzw. 110 PS bei einem geringeren Kraftstoffverbrauch. Die Getriebe beider Maschinen hatten 15 Vorwärts- und 5 Rückwärtsgänge. Wurde aber auf die 40-km/h-Schnellgang-Ausführung zurückgegriffen, so waren sogar 18 Vorwärts- und 6 Rückwärtsgänge verfügbar.
Neu war auch der Optistop, wie Steyr seine neue Allradbremse bezeichnete. Bei Betätigung des Bremspedals wurde der Allradantrieb automatisch zugeschaltet, um so eine Abbremsung aller vier Räder zu erreichen. Nach Loslassen des Bremspedals schaltet sich der Allradantrieb wieder automatisch aus. ■

Noch vor den neunziger Jahren stellte die Firma die Modelle der 81er Baureihe vor. Sie boten bis zu 18 Vorwärtsgängen und eine Höchstgeschwindigkeit von 40 km/h. Und so präsentierte sich der Arbeitsplatz des Fahrers: übersichtlich, aufgeräumt und freie Sicht nach allen Seiten.